LE MÔLE

ET LES COLLINES DE FAUCIGNY (*Haute-Savoie*)

PAR

M. MARCEL BERTRAND

Ingénieur en chef des Mines,
Professeur de géologie à l'École des Mines.

INTRODUCTION

Depuis qu'Alphonse Favre, dans ses études classiques sur la Savoie, est arrivé à fixer dans le Trias l'âge des gypses et des cargneules des Alpes, on a bien des fois montré les difficultés stratigraphiques qui peuvent localement résulter de cette solution, et à plusieurs reprises on a vu se produire l'opinion, rationnelle en elle-même, que toutes les cargneules des Alpes ne sont pas du même âge. On peut même dire d'une manière générale que, là comme dans les Pyrénées, c'est une opinion par laquelle il est rare de ne pas passer au début, et qu'une étude plus approfondie, sans faire évanouir toutes les difficultés, ramène ensuite à la solution d'Alph. Favre. Sans vouloir retracer ici l'historique de la question, je rappellerai que M. Schardt, dans ses remarquables études sur les préalpes du canton de Vaud, avait été amené à attribuer au flysch éocène une partie des cargneules et des gypses de la région ; ses propres observations et celles de M. Rittner l'ont décidé dernièrement à renoncer à cette opinion. M. Renevier, qui a toujours soutenu la thèse de Favre, admet pourtant, dans son livre sur les Alpes Vaudoises, que quelques lambeaux, mal explicables, comme celui de Bovonnaz, pourraient faire exception à la règle ; je crois qu'aujourd'hui M. Renevier serait moins disposé à admettre cette exception ; il est en tout cas absolument affirmatif pour tous les gypses du Chablais. Au contraire M. Jaccard, qui étudiait pour la carte, en même temps que M. Renevier, une autre partie des mêmes massifs, adoptait et développait dans une notice récente [1] l'idée que certains gypses sont éocènes, et que d'autres, incontestablement supérieurs au Lias, doivent être attribués au Jurassique inférieur ou Dogger.

[1] Étude sur les massifs du Chablais, par M. Jaccard, *Bull. des Services de la Carte géologique*, t. III, n° 26.

En face de cette divergence d'opinions de deux éminents collaborateurs, M. le Directeur de la Carte, après avoir examiné par lui-même quelques-uns des points en litige, m'a chargé d'étudier plus spécialement le massif du Môle, où M. Jaccard signalait, près de Marignier, les preuves les plus typiques en faveur de l'opinion nouvelle émise par lui. Dans des terrains aussi tourmentés et aussi peu fossilifères, il n'est pas rare que l'étude isolée d'un massif soit insuffisante à trancher les questions qu'il soulève ; je crois pourtant que la structure du Môle, restée jusqu'ici assez obscure, peut, au moins dans ses traits principaux, se déterminer assez exactement pour permettre d'établir le parallélisme des différentes coupes, et il en résulte sans ambigoïté que, là comme partout, les gypses et les cargneules sont triasiques [1].

La structure du Môle et celle des collines voisines se rattache d'ailleurs à tout un autre ordre de questions intéressantes. On sait en effet que la vallée de l'Arve sépare deux systèmes de terrains complètement différents, comme épaisseur, comme composition et comme aspect. D'un côté, au Sud, les chaînons sont formés par les puissantes masses marneuses du Néocomien et par les grands escarpements calcaires de l'Urgonien ; au Nord au contraire, le Néocomien n'est que localement et peu développé, et l'Urgonien fait complètement défaut ; les masses principales sont formées par le Jurassique, qui au Sud reste masqué en profondeur et qui ne reparaît que bien plus loin, près de Chambéry et dans la vallée de l'Isère, avec un tout autre faciès. La coupure entre les deux rives de l'Arve est donc une des plus nettes et des plus tranchées qu'on ait jamais décrites ; elle est d'autant plus remarquable qu'elle semble cesser brusquement vers l'Est à une faible distance : le flysch qui est pincé au Sud dans les plis du Crétacé amorce une longue bande qui traverse l'Arve au-dessus de Cluses sans déviation ni interruption, et qui de là se poursuit, par le col de Couz et le Val d'Illier, jusqu'à la vallée du Rhône [2].

Cette coupure correspond d'ailleurs également à une interruption apparente, ou peut-être à un brusque rebroussement des plis qui viennent y aboutir de part et d'autre. Au Nord ces plis forment dans leur ensemble une série de courbes concentriques, dont la convexité est tournée vers l'extérieur des Alpes ; comme le montre déjà l'examen d'une carte topographique, les chaînons suivent à distance le bord du lac de Genève, partant près de Meillerie d'une direction presque Est-Ouest, pour se dévier ensuite vers le Sud et s'infléchir même en approchant de l'Arve vers le Sud-Est. Au Sud les plis qui, près du lac d'Annecy,

[1] M. Michel Lévy m'avait engagé aussi à étudier quelques-uns des autres gisements, où M. Jaccard signale des cargneules jurassiques ; pour ceux que j'ai visités avec M. Renevier ou avec M. Lugeon, j'ai seulement à dire que je partage entièrement leur opinion. Pour les cargneules de la haute vallée du Giffre, entre Samoens et Verchaix, je peux mentionner une observation personnelle, qui, s'il restait quelque doute, suffirait à trancher la question : au hameau du Grand Jutteninge, j'ai trouvé la lumachelle de l'Infralias, fossilifère, au dessus du prolongement de ces cargneules.

[2] On pourrait il est vrai, songer à raccorder cette coupure à celle du Giffre, entre Taninges et Samoens ; mais cette dernière me paraît, jusqu'à nouvel ordre, avoir une tout autre signification.

sont presque dirigés du Sud au Nord, s'incurvent progressivement vers le Nord-Est et même vers l'Est, si bien que les deux systèmes arrivent en face l'un de l'autre presque tangentiellement, et que pour les raccorder dans un schéma général, il faudrait admettre dans la vallée de l'Arve une véritable *arête de rebroussement*. La place de cette arête hypothétique serait masquée, d'une part par les alluvions, et de l'autre par la mollasse, qui, avec des rapports stratigraphiques encore mal éclaircis, pénètre profondément dans la vallée entre les deux systèmes, jusqu'au dessus de Bonneville, auprès du confluent du Giffre.

La coupure de l'Arve a donc, dans la stratigraphie alpine, une importance presque comparable à la grande coupure du Rhin qui, entre Coire et le lac de Constance, interrompt le faciès alpin du Trias et sépare les Alpes bavaroises des Alpes suisses. Cette note n'a pas pour objet de traiter le problème général qui s'y rattache; il était pourtant utile de le rappeler. D'ailleurs, tout en désirant donner ici la moindre part possible aux idées théoriques, j'aurai à mentionner en terminant l'hypothèse à laquelle l'étude du Môle m'a conduit [1].

LE MOLE

Travaux antérieurs. — Le Môle forme une montagne, remarquablement isolée, à pointe presque conique, s'élevant à la cote 1869 au-dessus de Bonneville. Du côté de Genève et d'Annemasse, la montagne se présente comme un trait caractéristique du paysage, et la belle vue qu'offre le sommet sur le massif du Mont-Blanc a excité l'admiration de Saussure. La géologie en a été décrite d'abord par Alphonse Favre, qui dans ses recherches géologiques [2], y a signalé un gisement fossilifère de Lias. Elle a fait plus tard en 1876 l'objet d'une note d'Ebray [3], qui a indiqué plusieurs fossiles, non retrouvés depuis, dans la côte calcaire qui prolonge la base du Môle jusqu'à Faucigny, mais cette note n'a rien ajouté d'important à nos connaissances sur la montagne elle-même. Plus récem-

[1] Ce problème a dernièrement été mis en corrélation par M. Haug (C. R. sommaire, *Soc. Géol.*, déc. 1892), avec ceux que soulève l'étude de la haute chaîne, et même, d'une manière plus générale, avec toute la structure des Alpes franco-suisses ; je crois au contraire, pour ma part, que ces interruptions apparentes dans la continuité des grandes lignes directrices des plissements alpins sont des phénomènes locaux, dus à des causes locales. Pour discuter la question dans son ensemble, il faudra attendre le résultat des études de MM. Renevier et Lugeon sur la haute vallée du Giffre et sur le massif du Chablais ; mais la solution plus modeste et plus simple qui, jusqu'à nouvel ordre, me semble la plus probable, est indépendante de ces questions complexes et lointaines ; elle est fondée simplement sur la comparaison directe des deux rives de l'Arve, le massif du Môle d'une part, et de l'autre les chaînes étudiées au Sud, par Maillard. Il était donc naturel d'en dire quelques mots dans ce travail (*Note ajoutée pendant l'impression*).

[2] Alph. Favre, *Recherches géologiques dans les parties de la Savoie, du Piémont et de la Suisse, voisines du Mont-Blanc*, t. I, p. 435.

[3] *Bull. Soc. Géol.*, 3e sér., t. IV, p. 568. Stratigraphie de la montagne du Môle, par Th. Ebray.

ment, M. Jaccard a ici même donné sur le Môle quelques détails intéressants ; il y signale l'existence de couches rouges, qu'il rapporte au Crétacé et qu'il considère comme pincées dans les plis ; il a de plus montré le premier la complication du versant méridional, où les cargneules se superposent au Lias.

Par une singulière fortune la structure du Môle semble avoir paru de plus en plus simple aux observateurs qui s'y sont succédé. De Saussure en avait bien jugé la complication ; il avait fait remarquer que les couches y présentent des orientations différentes, qu'en plusieurs points elles sont verticales, que vers la cime elles sont brisées et dans une position difficile à démêler, et il trouvait dans cette structure complexe une confirmation d'une règle importante, énoncée par lui, d'après laquelle *les montagnes secondaires seraient d'autant plus irrégulières et inclinées qu'elles s'approchent plus des primitives*[1]. Alph. Favre, après lui, dit qu'on peut considérer le Môle comme étant composé de couches verticales, « qui auraient formé une voûte si elles avaient été moins comprimées, mais qui ont été fortement serrées les unes contre les autres ». Ebray et M. Jaccard, d'après les coupes figurées, semblent considérer le Môle comme formé par des couches régulièrement inclinées vers le Nord, et coupées vers le Sud par une grande faille. Mes observations me conduisent à admettre pour cette montagne une structure beaucoup plus complexe, qu'on peut résumer ainsi : *une série de plis assez serrés, dirigés du Nord au Sud, qui sur le versant méridional se contournent vers l'Est, en se rapprochant les uns des autres et en se renversant vers l'Arve.* Cette structure a pour conséquence que, dans les escarpements du Sud, la série se répète plusieurs fois, et montre des intercalations des couches les plus anciennes au milieu des plus récentes, *des cargneules triasiques au milieu du Jurassique*.

Description des terrains. — *Calcaires à silex délitables.* — La grande difficulté est d'établir l'échelle stratigraphique des terrains. Favre dit que la structure de la montagne est souvent cachée par les pâturages et par les forêts. En réalité, ce qui fait défaut, ce n'est pas la roche en place qui apparaît partout dans les nombreux chemins et les nombreuses tranchées forestières, ce sont les caractères différenciés qui pourraient permettre d'établir des subdivisions. Presque toute la masse de la montagne est formée de calcaires à silex, un peu marneux, facilement altérables à l'air, prenant alors une teinte blanc grisâtre, à la place du gris bleuâtre plus ou moins foncé qui est la couleur ordinaire en profondeur. Ces roches qui deviennent même blanches à la surface, sont traversées de nombreuses fissures qui masquent le sens de la stratification ; le sol est alors formé d'une terre jaunâtre, remplie de fragments de silex et représentant le terme extrême de l'altération. Les formes correspondantes du terrain sont des croupes arrondies ou des pentes régulières, entre lesquelles on ne voit pas se dessiner ces arêtes saillantes orientées, qui sont un guide si précieux pour l'étude stratigraphique des chaînons alpins. L'épaisseur de ce système très uniforme semble considérable ; on ne rencontre pas autre

[1] De Saussure in Favre, Recherches géologiques, t. I, p. 449 et 450.

chose en montant du châlet du club alpin (les Rioudets, 1318) jusqu'au sommet ; de même entre le hameau de Bovère et le sommet ; ce sont encore les mêmes calcaires qui forment les seuls affleurements visibles dans le chemin en lacets qui monte de Savernaz (au-dessus de la Tour) au plateau 1626. Comme dans toutes ces coupes le pendage se fait invariablement vers le centre de la montagne, elles mèneraient à attribuer au système des puissances minima de 400 et même de 800 mètres. Cela n'aurait rien d'inadmissible pour des formations alpines, mais, d'après des indices que j'expliquerai plus loin, je suis porté à croire qu'il y a des répétitions des couches et que ces épaisseurs sont exagérées. Comme fossiles, je n'ai jamais vu dans ces calcaires que de rares Bélemnites, dont une, sur le chemin de Saint-Jeoire au Môle, par Montrenaz et Châlet Pinget, aurait pu être déterminable ; mais je n'ai pas pu la détacher.

Ces calcaires, malgré l'étendue de leurs affleurements et leur influence dominante sur les caractères du relief, n'ont été mentionnés d'une manière spéciale ni par Alph. Favre, ni par M. Jaccard ; ces deux observateurs les réunissent sans autres détails aux calcaires à Pentacrines que je crois possible d'en distinguer. Favre fait de l'ensemble du Lias et M. Jaccard en fait du Dogger. Pour Favre, les raisons de cette détermination sont d'une part les caractères constants de ces calcaires à Pentacrines, véritables *calcaires à entroques*, reconnus dans toute cette partie des chaînes subalpines, et d'autre part les fossiles qu'il a découverts sur le versant Nord-Est du Môle. Pour M. Jaccard, qui n'a pas retrouvé ce gisement, le Lias n'apparaîtrait que localement, « au fond d'un ravin profond, » dans une sorte de boutonnière, et rien ne lui semble « motiver la détermination liasique de la montagne ». La note de M. Jaccard est malheureusement trop concise pour que je puisse juger quels sont pour lui les caractères lithologiques distinctifs des deux étages. M. Renevier d'un autre côté, d'après les études qu'il poursuit depuis longtemps dans le Chablais, est arrivé à accorder une grande confiance aux distinctions lithologiques, qu'il a pu suivre, avec de nombreuses vérifications, sur de grands espaces : les calcaires foncés et compacts à Pentacrines seraient du Lias inférieur ou moyen, le Lias supérieur serait représenté par des schistes feuilletés, rappelant souvent les schistes à Posidonies du Toarcien du Jura, et le Dogger se présenterait sous forme de calcaires marneux, moins foncés, avec fréquentes alternances de petits bancs de marnes et de calcaires. Les silex se trouveraient indifféremment à tous les niveaux. M. Renevier a bien voulu me montrer les coupes de quelques-uns des chaînons voisins, et je peux conclure de ces courses communes que pour lui les calcaires que je viens de décrire seraient du Dogger et les calcaires à Pentacrines du Lias. Les observations que j'ai pu faire dans le Môle sont de nature à confirmer ces attributions ; il y a seulement une réserve à faire sur l'emploi du mot Dogger : le faciès schisteux du Lias supérieur faisant défaut, il est possible que les calcaires gris à silex représentent l'ensemble du Toarcien et du Dogger.

Lias. Calcaires à Pentacrines. — Les calcaires à Pentacrines ont été signalés par Favre près du sommet (le long de la pente N.O.) et près de Saint-Jeoire. En réalité, on peut les suivre, depuis l'affleurement indiqué par Favre et le sommet 1541 qui lui fait face à l'Est, d'une part vers la vallée du Giffre, près du hameau de Cormand, et de l'autre vers la vallée de l'Arve jusqu'aux escarpements qui descendent sur Marignier. Il y a là une bande continue de ces terrains, qui est, comme nous le verrons, d'une grande importance pour l'interprétation de la structure, et dont l'âge liasique me semble péremptoirement établi par ce fait qu'en trois points, au milieu de cette bande, j'ai trouvé des affleurements des calcaires dolomitiques du Trias. L'un de ces affleurements est accompagné de quelques cargneules et marnes rouges, et il est bordé par l'Infralias, dans lequel j'ai recueilli l'*Avicula contorta* et la *Terebratula gregarea*. C'est dans cette bande aussi que se trouve le gisement fossilifère indiqué par Favre. Il est situé presque immédiatement au-dessus du Trias (les couches intermédiaires sont masquées par des pâturages), vers l'extrémité Nord-Ouest du cirque que Favre appelle Champ-Fleuri, et qu'on a devant les yeux quand, en venant horizontalement du Châlet du club alpin, on arrive au petit col qui sépare le sommet du plateau 1600. Le gisement est facile à retrouver, près de la limite des prés et des bois ; il forme un petit escarpement de 2 mètres environ, au pied duquel sort une source où viennent s'alimenter les châlets d'aval ; cette source est sur le chemin même qui, du hameau de Cormand, monte à ces châlets et de là au pied du sommet. Le calcaire qui est noir, ou d'un gris foncé, ne contient pas de Pentacrines ; on peut y distinguer plusieurs bancs : à la partie supérieure, un banc pétri de Bélemnites, au-dessous un lit rempli d'Ammonites, et à la base un calcaire plus marneux avec Bivalves, qui pourrait déjà représenter l'Hettangien. La roche est assez dure et ce n'est guère qu'en détachant et détaillant de gros blocs qu'on peut obtenir autre chose que des fragments. J'ai recueilli pour ma part : *Aegoceras Jamesoni* Sow., *Deroceras venarense*, Opp. *Ammonites nodotianus*, d'Orb. et *Arietites spiratissimus*, Quenst [1].

Les trois premières Ammonites citées sont caractéristiques de la base du Lias moyen ; la dernière appartient au Lias inférieur. Je n'ai pas détaché moi-même les blocs d'où elles provenaient, et je ne saurais dire, malgré l'analogie des gangues, si elles appartiennent toutes au même banc. Favre qui cite une liste beaucoup plus complète, signale également un mélange de plusieurs niveaux, et attribue même trois espèces à l'Infralias. Ces espèces il est vrai sont douteuses ou peu probantes ; il pourrait se faire pourtant que dans cette faible épaisseur de 2 mètres, plusieurs étages fussent représentés, depuis l'Hettangien jusqu'à la base du Liasien. Un séjour plus prolongé serait nécessaire pour faire la distinction des bancs et trancher la question. Je n'ai d'ailleurs pas réussi à trouver d'autre affleurement de ces lits fossilifères.

M. Douvillé m'a montré dans la collection de l'Ecole des Mines une série d'échantillons, venant d'Almend près Blumenstein, à l'Ouest de Thun, où les mêmes formes se trouvent associées dans une roche d'un aspect identique. Les deux gisements appartiennent bien à un même groupe de chaînons et à une

[1] Ces fossiles ont été déterminés par M. Douvillé.

même zone de plissements ; c'est un exemple à noter de la persistance des faciès, quand on se déplace parallèlement à la chaîne. Cette règle bien connue est peut-être utile à rappeler avant d'arriver plus loin à discuter la remarquable exception que présente la vallée de l'Arve.

M. Douvillé a également appelé mon attention sur l'aspect phosphaté de ces fossiles. M. Carnot, qui a bien voulu faire l'analyse d'un fragment, y a trouvé :

Acide phosphorique.	11,76
Fluor	1,04[1]
Chlore.	traces
Oxyde de fer et alumine.	3,05
Carbonate de chaux.	en abondance, non dosé

Les calcaires qui viennent au-dessus de ce niveau fossilifère ne sont pas tous des calcaires spathiques à débris de Pentacrines. Leur caractère général est leur compacité plus grande, leur couleur foncée et leur grain serré qui les fait mieux résister aux agents atmosphériques. Je n'ai pu reconnaître si les bancs intercalés à gros débris de Pentacrines y formaient un ou plusieurs niveaux constants. Les silex sont aussi abondants que dans les calcaires supérieurs. J'ai essayé aussi en vain de retrouver et de suivre une série de bancs minces bien lités, qu'on remarque, au Nord de la route de Saint-Jeoire à Bonne, enclavant, près de Brévières et d'Entreverges, la pointe extrême du massif des Braffes. Ces calcaires, où j'ai trouvé des fragments de Bélemnites, n'offrent pas, en échantillons, de caractère lithologique spécial ; leur stratification régulière en bancs minces les fait reconnaître de loin dans les parois rocheuses, mais on conçoit que dans les affleurements isolés ils soient difficiles à distinguer. On les retrouve dans la paroi presque verticale qui forme au Nord le soubassement du cône terminal du Môle, et il me semble qu'ils constituent le sommet de la série des calcaires spathiques, marqués en Lias sur la carte.

En dehors de la bande dont je viens de parler, d'autres affleurements des calcaires à Pentacrines se retrouvent près de Saint-Jeoire et du Pont du Risse, où Favre les a signalés, et dans les escarpements qui regardent l'Arve. J'ai encore trouvé des calcaires spathiques sur le versant Ouest, dans les éboulis qui sont au-dessus (au N.E.) de la première grange de la Tour, et sur le chemin qui descend de la croix du signal 1621 au village de Bovère. Mais les chemins intermédiaires, qui descendent de la même croix à Savernaz ne m'en ont pas montré de traces. Ce ne sont donc là que des indices vagues et un peu incertains. Le Lias est au contraire bien caractérisé au Nord-Ouest de la Tour, dans le petit monticule que longe la route de Saint-Jean de Tholomé et dans les

[1] Une apatite de même teneur en acide phosphorique renfermerait 1,05 de fluor. Il est intéressant de trouver ici une nouvelle confirmation de la loi si curieuse, mise récemment en lumière par M. Carnot, loi qui nous montre l'acide phosphorique toujours prêt à fixer les faibles quantités de fluor qui circulent en dissolution, et les phosphates naturels enfouis tendant ainsi à se rapprocher de plus en plus de la composition de l'apatite.

premières collines qui, au Nord de Bovère, prolongent le soubassement du Môle ; dans ce dernier affleurement il est superposé aux cargneules.

L'épaisseur du Lias ainsi défini n'est pas considérable et n'atteindrait pas une centaine de mètres.

Infralias. — Au-dessous du Lias, l'Infralias, qui n'avait pas encore été signalé dans le massif, est bien visible en deux points dans le cirque de Champfleuri. Le cirque vient aboutir à l'Est à un col où passe un chemin qui descend vers Marignier et où se trouve un petit groupe de châlets, non marqués sur la carte. En prenant à partir de ces châlets le chemin qui monte, en longeant les sapins, vers le plateau 1600, on rencontre presque immédiatement l'Infralias qui affleure sur le chemin même et à droite du chemin. Ce sont des schistes noirs, avec des bancs minces d'un calcaire foncé, où j'ai recueilli l'*Avicula contorta*, accompagnée de Plicatules (probablement *Plicatula intustriata*). Les couches sont renversées, mais nettement comprises entre les calcaires dolomitiques dont je parlerai tout à l'heure et les bancs du Lias. Le second gisement se trouve à l'autre extrémité du cirque, du côté de l'Ouest, tout près du col qui passe entre le sommet et le point 1541. Il est auprès d'une petite source ; l'affleurement est peu étendu et formé de calcaires gris, pétris de *Terebratula gregarea*. Cet Infralias semble d'ailleurs peu épais, et ce sont les seuls points où j'ai pu le reconnaître.

Trias. — Ces deux derniers gisements sont subordonnés à une masse plus importante de calcaires dolomitiques, qui forment une masse rocheuse bien visible, auprès des châlets du col oriental, dans le thalweg même du vallon qui descend de là au ravin principal. Ces calcaires dolomitiques ont l'apparence ordinaire et bien connue des calcaires du Trias ; et en descendant le vallon, on les retrouve, passant à des cargneules accompagnées d'un peu de marnes bariolées. On trouve donc là réunis tous les faciès typiques de l'étage.

J'ai trouvé un second affleurement de calcaires dolomitiques dans le ravin qui vient aboutir à Cormand, en face de la cluse transversale du Giffre. En remontant ce ravin au-dessus de son cône de déjection largement étalé, on arrive à une bifurcation, et il faut alors suivre l'affluent de gauche en s'élevant sur les blocs éboulés. La berge droite (qu'on a à sa gauche) montre d'abord des calcaires bien lités, un peu marneux, qui rappellent les caractères de certains gisements hettangiens que j'ai vus avec M. Renevier ; un peu plus haut ils font place à des calcaires blancs dolomitiques qui disparaissent bientôt sous les éboulis. Leurs caractères sont identiques à ceux du cirque de Champfleuri.

Enfin, à l'autre extrémité de la bande liasique, près du hameau de Lullier, au-dessus du Pont de Marignier, on voit encore un affleurement de calcaires dolomitiques, qui va rejoindre plus bas la grande masse de cargneules que longe le Giffre, et en haut desquelles sort la belle source qui fait marcher le moulin du Pont. Ces calcaires dolomitiques s'élèvent vers l'Ouest en suivant la direction du grand escarpement, précisément dans la direction du col où j'ai signalé les premiers affleurements. Je ne crois pas qu'il y ait continuité entre les deux, ou du moins je n'ai pu vérifier cette continuité, mais en tout cas il n'est pas douteux que ce ne soit la même bande qui reparaisse, et même si l'on veut pour d'autres points récuser la valeur des analogies lithologiques, on ne peut contester ici que les deux pointements n'appartiennent à la même formation, c'est-à-dire n'appartiennent tous deux au Trias.

Sur l'autre versant du Môle, le versant occidental, je n'ai à signaler que la bande étroite de cargneules qui, au Nord de Bovère, suit jusqu'aux escarpements Sud les calcaires spathiques signalés plus haut comme appartenant au Lias. M. Jaccard attribue cette bande de cargneules au Dogger, et là je n'ai pas de preuves paléontologiques à lui opposer, mais la succession lithologique est la même que dans la partie voisine où elle est confirmée par des fossiles, et il n'y a aucune raison pour essayer de lui attribuer une autre signification.

Marnes schisteuses à Posidonies. — En résumé, au-dessous des calcaires à silex délitables, qui par leur masse et leur uniformité constituent le grand obstacle à l'étude stratigraphique du Môle, on peut reconnaître une série continue qui descend jusqu'au Trias, avec deux repères paléontologiques incontestables, et dont les termes lithologiques, bien distincts, se retrouvent toujours dans le même ordre. Au-dessus de ces mêmes calcaires à silex, avant d'arriver aux calcaires compacts du Malm, toujours facilement reconnaissables, on peut encore distinguer un horizon, où je n'ai il est vrai trouvé que des fossiles peu déterminables, mais dont la continuité lithologique m'a été d'un grand secours.

Ce sont des calcaires marneux, en petits bancs, formant de véritables schistes, où les silex ont disparu. Ces schistes calcaires se voient de loin dans les deux cols qui encadrent le sommet, à l'Est du point 1626 et à l'Ouest du point 1600 ; ils s'y présentent en traînées presque verticales, orientées du Nord au Sud ; ils se retrouvent sur le bord du massif de Malm de Saint-Jeoire, souvent froissés et étirés contre les calcaires, et ces rapports, qui sont les mêmes dans le cirque de Champfleuri, permettent de fixer leur position immédiatement à la base du Malm. C'est la partie tout à fait supérieure du système que, faute de données plus précises, j'ai englobé sous le nom de Dogger. J'ai trouvé dans ces schistes des morceaux de moules d'Ammonites indéterminables, qui pourraient appartenir au groupe de *A. Bakeriæ*, des Posidonies, (*Posidonomya alpina* ?), des traces de Cancellophycus et quelques fragments de Bivalves avec leur test; ce sont des éléments insuffisants pour fixer l'âge. Ces terrains sont très probablement ceux que Favre a signalés au-dessus de Ville et de Vinz[1], où, dit-il, « on voit un calcaire marneux grisâtre contenant des fossiles mal conservés, qui paraissent se rapporter à des formes calloviennes et appartenir aux espèces suivantes : *Am. viator* (d'Orb.), *A. Hommairei* (d'Orb.), *A. Potingerii* (Sow.), *Toxoceras* (mal conservé), *Posidonomya alpina*, *Chondrites*. » Si la liste de Favre ne paraît pas complètement probante pour l'âge callovien, il faut ajouter qu'il signale ces mêmes marnes immédiatement au-dessous des calcaires rouges, à fossiles

[1] *Recherches géologiques*, t. II, p. 13.

oxfordiens, de Pouilly, près Saint-Jeoire, et que les marnes analogues occupent, dans le Môle, la même situation. Si elles ne représentent pas le Callovien, elles correspondent certainement à la partie supérieure du Dogger.

Outre les gisements indiqués, ces marnes occupent le petit méplat qu'on peut suivre, à la hauteur de mille mètres environ, sur le versant oriental, entre les grands ravins des Carviers et de la Combaz ; on les retrouve de l'autre côté, sur la rive gauche du vallon qui, au Sud-Est de Bovère, va rejoindre le chemin de Bonneville au Môle, et qui est en grande partie encombré de glaciaire. Il faut signaler le fait, qu'aux fermes de Lachat (au-dessus de St-Jeoire, à l'Est du chemin de St-Jeoire au Môle), ces schistes très développés et donnant naissance à des prés fertiles, contiennent par places des intercalations de bancs rougeâtres, qui donnent à l'ensemble une vague ressemblance avec les « schistes rouges » du Crétacé supérieur. En ce point du moins toute confusion paraît impossible. J'ai également rencontré, avec M. Renevier, en sortant de St-Jeoire par le sentier de la Ravoire et du pont de Quinsy, ces mêmes schistes, situés de même entre le Dogger et le Malm, et bigarrés là de teintes un peu plus vives ; c'est toujours le même niveau, malgré cette bigarrure accidentelle, qui pourrait, au premier aspect, causer un moment d'indécision.

Malm. — Le Malm, qui vient au-dessus, constitue au-dessus de St-Jeoire un massif rocheux, dont les escarpements blancs montent assez haut sur les pentes, et qui porte la belle forêt de pins de St-Jeoire. Aucune subdivision ne semble possible dans ces calcaires compacts et sans fossiles ; c'est seulement à la base qu'on remarque, mais d'une manière discontinue, des calcaires d'aspect différent : ce sont des calcaires bréchoïdes, à taches rougeâtres, exploités plus au Nord à la Vernaz (confluent des deux Dranses), et à Pouilly près de St-Jeoire ; leur position est bien constante et bien connue, et on y a décrit une faune oxfordienne. Je ne les ai observés dans le Môle qu'à la pointe Nord du massif calcaire, au bas du vallon qui descend de la crête vers le Nord, et dans le cirque de Champfleuri.

J'ai découvert un second affleurement, très restreint, de Malm, dans le cirque de Champfleuri ; ce cirque montre ainsi, sur un espace restreint, tous les étages qui prennent part à la composition de la montagne. Je n'ai pu, par contre, retrouver le pointement marqué, au dessus de la Tour, sur la minute de M. Jaccard.

Le Malm prend un très grand développement dans les collines qui prolongent vers Faucigny le soubassement du Môle et que je décrirai plus loin. Sa composition et son aspect subissent de ce côté une assez rapide modification ; il devient fossilifère et on peut y distinguer la série bien développée des étages depuis l'Oxfordien jusqu'au Tithonique. C'est le faciès différencié de Grenoble et de Chambéry qui se substitue au faciès uniforme du Malm alpin.

Couches rouges. — Il me reste, pour terminer cette énumération, à parler d'un certain nombre d'affleurements de couches rouges, à l'état de lambeaux très peu étendus, tout à fait semblables au « Crétacé rouge » des chaînons voisins, mais dans une situation tout à fait inusitée. Ces couches ont été pour la première fois signalées dans le Môle par M. Jaccard, qui les attribue sans discussion au Crétacé, et qui les considère comme « pincées dans les plis et reposant sur le Dogger. » Les Foraminifères que j'ai constatés dans les plaques minces de tous mes échantillons [1] ont seuls pu me décider à accepter cette opinion, qui, je dois l'avouer, m'avait paru sur le terrain tout à fait invraisemblable. Mes doutes d'ailleurs se trouvaient accrus par ce fait, que le croquis (fig. 17) du mémoire de M. Jaccard semble placer les affleurements de ces schistes rouges dans les deux cols qui enclavent le sommet ; or, j'ai dit plus haut qu'il y avait en effet à ces deux cols des calcaires schisteux, mais contenant des Posidonies et certainement inférieurs au Malm. C'est évidemment une erreur de dessin, et je ne doute plus maintenant que les gisements signalés par notre confrère ne soient bien en réalité ceux que j'ai étudiés. Il sont au nombre de quatre ; d'après les minutes de M. Jaccard, il y en aurait un cinquième sur le plateau 1381, au Nord des Granges planes ; mais je l'ai cherché inutilement. Les autres, ceux du moins que j'ai reconnus, sont situés près du village de la Tour, au pied du versant Nord ; près du sommet, à une cinquantaine de mètres à l'Ouest de la pointe, et au fond du cirque qui s'ouvre à son pied vers le Nord ; enfin au-dessus des maisons de Bovère [2].

Les schistes rouges de la Tour ont été exploités autrefois pour la couverture de l'église. On trouve encore un tas de déblais de ces schistes près de la source captée qui sort du rocher, au fond d'un entonnoir des terrains glaciaires, au Sud-Est de l'église. L'affleurement se trouve un peu à l'Est, le long du chemin qui suit sous les bois le pied des rochers, sur le versant septentrional, un peu avant la rencontre du premier ravin. Deux chemins convergents, dont la trace est encore visible sous la végétation, montaient à l'ancienne carrière, à une dizaine de mètres au dessus du chemin. Les schistes sont d'un rouge foncé ; ils pendent vers l'Est et se montrent nettement interstratifiés dans les calcaires à silex que j'ai rapportés au Dogger. Il n'y a pas de trace de plissements secondaires, ni d'étirements, comme il pourrait s'en produire au fond d'un synclinal couché. L'examen microscopique ne montre non plus trace d'aucune action dynamique. A moins d'arguments paléontologiques, il semblerait difficile de ne pas réunir ces schistes au système qui les entoure. Il est vrai que si l'on essaie de suivre la bande plus haut à travers les bois, on la perd un peu avant le chemin charretier qui monte à la ferme de la Tour, et au-delà du chemin je n'ai pu en retrouver la trace [3]. Même alors que je considérais ces couches comme intercalées, j'avais dû reconnaître qu'elles ne forment pas un horizon constant.

Dans le massif des Braffes, au Nord de la route de St-Jeoire, s'ouvre précisé-

[1] Les plaques minces des différents gisements ont été étudiées par M. Cayeux, qui y a reconnu en abondance des Globigérines et des Textulaires, avec des Rotalines moins abondantes.

[2] J'ai aussi trouvé des morceaux de ces schistes, également avec Foraminifères, dans les ravins qui descendent du Malm de St-Jeoire, du côté de Poponaz. Il se pourrait donc qu'il y eût de ce côté un autre lambeau.

[3] D'après les dires des gens du pays, ces couches rouges s'élèveraient pourtant assez haut dans la montagne.

ment en face de cet affleurement le profond ravin d'Entreverges, au fond duquel M. Renevier m'a montré de loin des schistes rouges qui occuperaient une situation analogue ; ce serait la continuation de la même couche, qui apparaît encore au-dessus du cirque d'Entreverges, dans les prés qui sont au pied de la pointe des Braffes ; un autre gisement de couches rouges, à une centaine de mètres plus à l'Est, est enclavé dans le Malm aminci, et est incontestablement crétacé. MM. Renevier et Lugeon décriront ces gisements, que je n'ai vus qu'avec eux et que je signale seulement à cause de leur correspondance avec celui de la Tour.

Quoique je me sois rallié à l'opinion qui rapporte ces couches au Crétacé, je crois utile de rappeler que Favre indique expressément dans le massif des Braffes des couches rouges à fossiles liasiques. Comme il existe certainement dans le voisinage des couches rouges crétacées que Favre a méconnues, on n'a pas tenu compte de cette observation, qui est pourtant trop précise pour laisser place à quelque doute. Je cite le passage [1] : « Plus haut, sur le flanc de la montagne (au-dessus de Ville et de Viuz), dans une carrière de calcaire rouge, j'ai trouvé la *Belemnites Fournelianus*, d'Orb. et la *B. umbiliculatus*, un moule d'une grande Ammonite, un *Aptychus* et la *Terebratula subpunctata*, Davidson. Parmi ces fossiles, ceux qui sont déterminables appartiennent au Lias. Ce calcaire se prolonge au Nord et se voit aussi au pied du Môle. » Et plus loin, à la page suivante : « En descendant de la pointe des Neus (pointe des Braffes) du côté du val d'Onion, je retrouve des calcaires à silex au-delà de la cargneule, puis des schistes et des calcaires rouges avec une *Ammonites bifrons*, d'Orb., de l'étage toarcien. [2] »

Le second gisement de schistes rouges se trouve dans la pente gazonnée qui descend au Nord-Ouest du sommet. Là encore il n'y a pas trace de contournements. La première impression est celle de grandes dalles jetées sur la surface du sol ; mais on reconnaît bien vite que la roche est en place. Le pendage est assez faible et dirigé vers le Nord ; on ne voit pas le contact avec les rochers de Lias qui sont auprès, mais les schistes semblent passer plutôt au-dessous de ces rochers (sans doute par renversement). Ils sont d'un rouge foncé, avec noyaux (ou fragments ?) de schistes d'un gris clair. Là encore la présence du Crétacé serait tout à fait invraisemblable, si la roche n'était pleine de Foraminifères.

Les schistes rouges se retrouvent un peu à l'Ouest à la base de l'escarpement qui forme la paroi septentrionale du cône, et là ils sont nettement intercalés entre des calcaires à silex. La stratigraphie de ce point présente, comme je le dirai, d'assez grandes difficultés, et je n'ai pu, comme je l'espérais, tirer de cette coupe des indications précises sur l'âge des couches rouges ; sans les Fora-

[1] *Recherches géologiques*, t. II, p. 14 et 15.

[2] Je ne sais pas si les gisements signalés par Favre ont été retrouvés. Il se pourrait, à la rigueur, malgré les fossiles cités, qu'il eût fait quelque confusion avec les couches rouges oxfordiennes de Pouilly. Il n'est peut-être pas inutile de remarquer que les coupes des roches permettent dans certains cas de déterminer les *genres* de Foraminifères, mais jamais les *espèces* ; l'argument qu'on en tire n'a donc pas à vrai dire la valeur d'un argument *paléontologique*. Pourtant, comme il vient se joindre à une complète identité lithologique, il faudrait, pour l'infirmer, que l'on eût signalé quelque part dans la région des Foraminifères analogues coexistant avec des fossiles certainement jurassiques. Ce n'est pas le cas jusqu'ici.

minifères, j'aurais certainement conclu sans hésitation qu'elles sont jurassiques. J'avais pensé un instant à les rattacher au gisement voisin d'Infralias signalé près du col qui sépare les deux cirques ; on aurait pu alors les rapprocher des couches rouges décrites par Alph. Favre au-dessus de Matringe comme appartenant au Trias[1]. Mais, dans les bancs qui les entourent, je n'ai pu reconnaître aucun des caractères de l'Infralias ni du Lias.

Le troisième gisement des couches rouges est situé à 50 m. environ au-dessus des maisons de Bovère ; les têtes de schistes, qui sont là blancs, verts et rouges, font saillie dans les prés et dans les champs ; ils plongent vers l'Est, et une petite carrière ouverte plus bas dans un champ permet de voir qu'ils reposent sur les calcaires à silex du Dogger ; ce sont d'ailleurs ces mêmes calcaires qui règnent uniformément de là jusqu'au châlet du Club Alpin. Ce second point a ici, je crois, moins d'importance, car il est probable, comme je le montrerai, que ces schistes sont séparés par un grand accident de la série qui semble les surmonter. Un peu plus au Nord, les schistes gris du sommet du Dogger se montrent[2], ainsi que je l'ai dit, sur la rive gauche du même vallon, et ils semblent exactement dans la continuation des premiers ; ils reposent là sur le Dogger, lui-même superposé au Lias et aux cargneules. Il n'y a d'ailleurs aucun affleurement de Malm au voisinage. Stratigraphiquement on serait donc amené à voir dans les couches de Bovère un faciès bigarré des marnes calloviennes, comme j'en ai signalé des exemples à Lachat et près de St-Jeoire. D'un autre côté l'aspect est ici remarquablement semblable à celui du Crétacé ; M. Renevier, qui a bien voulu visiter ce point avec moi, a considéré l'assimilation comme incontestable. L'étude microscopique a confirmé cette manière de voir, et les échantillons polis et taillés en plaques minces, ont montré à M. Cayeux toute la série ordinaire des Foraminifères crétacés.

Je mentionne enfin pour mémoire une tache des mêmes schistes bigarrés, visible seulement en un point, avant de sortir des bois, sur le chemin qui descend à Bonneville, et semblant appartenir à la même bande de terrains, écrasée contre une faille.

Résumé. — J'ai cru devoir, dans les pages précédentes, donner avec un certain détail les observations relatives aux gisements et discuter avec soin les raisons qui déterminent leur âge. C'est là en effet, plus encore que dans le manque d'affleurements étendus, de coupes complètes et de crêtes nettement orientées, que réside la difficulté de l'étude du Môle. On a vu que le nombre des subdivisions qu'on peut établir est largement suffisant pour une étude stratigraphi-

[1] M. Jaccard conteste cette attribution ; il m'a semblé pourtant, dans une course où j'ai eu le plaisir d'examiner la coupe de Matringe avec M. Renevier, qu'elle était tout à fait conforme à la description de Favre et qu'il était difficile de l'interpréter autrement.

[2] Les schistes du Dogger, taillés en plaques minces, n'ont pas montré de Foraminifères. Un des échantillons que j'ai rapporté de Bovère, un peu différent des autres, a une structure microscopique toute semblable à celle des schistes. Il se pouvait donc qu'il y eût à Bovère, sous les schistes crétacés, un petit lambeau du Dogger supérieur, difficile à en distinguer.

que complète ; on connaît en effet dans le Môle avec certitude les niveaux suivants :

1) Calcaires dolomitiques et cargneules.	Trias.
2) Calcaire clair à *Terebratula gregarea* ; schistes et plaquettes noires à *Avicula contorta*.	Infralias.
3) Calcaires compacts et foncés à Ammonites et Bélemnites.	Hettangien (?), Sinémurien et base du Liasien.
4) Calcaires compacts, à Encrines, avec silex.	Liasien.
5) Calcaires plus marneux et délitables, avec silex, très puissants.	Toarcien (?) et Dogger.
6) Schistes calcaires à Posidonies.	Sommet du Dogger (Callovien ?).
7) Calcaires rouges bréchoïdes.	Oxfordien.
8) Calcaires blancs compacts.	Jurassique supérieur.
9) Schistes rouges à Foraminifères.	Crétacé supérieur.

Malheureusement, les horizons les plus précis, ceux qui contiennent les fossiles, ne sont visibles qu'en un petit nombre de points ; les seuls horizons qu'on puisse suivre sur une certaine étendue sont les calcaires à Pentacrines du Lias et les schistes calcaires du sommet du Dogger ; les autres ne servent guère que de contrôle. Des changements importants de faciès sont peu probables sur un espace aussi restreint ; mais s'il en existait, on n'a guère moyen de prévenir les erreurs qui pourraient en résulter. Je crois un certain nombre de résultats dès maintenant assuré ; je crois qu'ils sont suffisants pour expliquer les anomalies apparentes de la falaise méridionale ; mais on ne peut se dissimuler qu'il reste, et qu'il restera sans doute encore longtemps, beaucoup à faire dans le Môle.

Etude de la structure et coupes. — *Versant septentrional.* — Le versant septentrional du Môle a toujours été représenté jusqu'ici comme formant dans son ensemble un vaste plan incliné qui s'abaisse sur la vallée de St-Jeoire ; (coupe d'Ebray, *Bull. Soc. géol.*, 3e série, t. IV, p. 573 ; coupe de M. Jaccard, mémoire cité, fig. 18, p. 22). Les fossiles liasiques se trouvent en effet près du sommet, vers la cote 1300 ; le Malm apparaît vers la cote 1000 et descend jusqu'à St-Jeoire. A l'Ouest, on ne trouve que du Dogger, mais l'inclinaison et la descente générale des bancs vers le Nord sont bien marquées en beaucoup de points. Les coupes données correspondent donc bien dans un sens à la réalité des faits, mais elles font concevoir une idée très inexacte de la structure, *parce qu'elles sont parallèles à la direction de plissement.* La pente d'ensemble vers le Nord est un phénomène accessoire, superposé au phénomène principal de plissement ; les couches qui, dans le Môle, s'abaissent vers la vallée, se relèvent de l'autre côté vers la pointe des Braffes, si bien que la vallée, orientée de l'Est à l'Ouest, est réellement une vallée synclinale, mais elle est tracée dans un synclinal secondaire, à peu près perpendiculaire à la direction des plis principaux. La dépression que suit la route de St-Jeoire à Bonne est en réalité maintenant une double vallée, où la ligne de partage des eaux, formée par les dépôts morainiques, se trouve près de la Tour ; mais dans son ensemble, comme le fait remarquer Favre[1], « cette dépression est la continuation bien plus naturelle du bassin du Giffre, que la fissure étroite et sinueuse par laquelle ce torrent va se jeter dans l'Arve. » Je rappelle cette observation judicieuse, parce qu'elle se rapporte à un fait que j'ai eu plus d'une fois l'occasion de constater dans les Alpes ; les plis très serrés et surtout les plis isoclinaux ou couchés, ne jouent qu'un rôle secondaire dans la détermination du cours des torrents principaux, tandis que les ondulations transversales, plus larges, à versants plus doux et également inclinés, ont, au moins aussi souvent, servi à tracer le chemin des grandes lignes de drainage.

Les plis transversaux à la vallée ne sont pas, il est vrai, très faciles à voir, quand on suit le bord des affleurements calcaires ; ils sont au contraire nettement accusés, de l'autre côté, dans les couches presque verticales qui forment, près de Brévière, en face de la Tour, le promontoire extrême des Braffes. Du côté du Môle, on constate seulement un pendage uniforme vers l'Est ; tantôt ce pendage est seul visible, tantôt il se combine avec le pendage Nord, qui peut devenir le plus marqué. S'il y a des plis entre la Tour et le Châlet Pinget (à part une légère ondulation qui peut surtout bien s'observer plus haut, au-dessous du point 1626), ce sont des plis couchés vers l'Ouest, et ne changeant pas le sens constant de l'inclinaison. L'existence de ces plis est rendue probable par l'immense épaisseur qu'il faudrait autrement attribuer aux calcaires à silex, et par l'intercalation des couches rouges à Foraminifères.

A partir du châlet Pinget, du côté de l'Est, le Malm apparaît. Si l'on essaie d'en déterminer les contours supérieurs, en remontant les amorces de sentier et les coulées de traînage des bois qui le traversent, on voit en plusieurs points les schistes calcaires, froissés et étirés, alterner avec les calcaires massifs, en couches presque verticales. La limite des deux formations est une limite très dentelée, indiquant l'existence de plusieurs plis ; les contours de la carte sont nécessairement un peu figuratifs, dans l'impossibilité où l'on est de reconnaître dans les bois les points précis d'observation ; je me suis assuré sur place que la dentelure existait, et ensuite je l'ai tracée d'après l'aspect des masses rocheuses regardées de St-Jeoire.

Si l'on monte d'ailleurs plus haut sur les pentes, on trouve une bande étroite de calcaires schisteux qui, par les châlets de Lachat, se prolonge jusqu'à la hauteur de 1500 mètres environ, au col déjà mentionné entre le sommet du Môle et le plateau 1626 ; de l'autre côté de l'arête, elle disparaît ou au moins on en perd la trace dans les pâturages. Cette bande, bordée des deux côtés sur tout son parcours par les calcaires à silex, marque un premier pli synclinal bien accusé. Un peu plus à l'Ouest, la masse du Malm va se terminer en pointe

[1] *Etudes géologiques*, t. I, p. 458.

à la hauteur à peu près des chalets Lachat, en face du vallon qui remonte au cirque du pied du Môle. Le Malm, flanqué à l'Est de couches rouges oxfordiennes presque verticales, forme là, à l'Ouest, un grand escarpement, visible de loin grâce aux récentes coupes de bois. Cette pointe devrait se prolonger vers le Sud par une pointe des schistes calcaires qui l'enveloppent, mais le manque d'affleurements dans le vallon rend cette prolongation hypothétique. En tout cas, le vallon, qui me semble correspondre avec certitude à la continuation de ce second synclinal, est séparé de la bande précédente par une croupe où affleurent d'abord les calcaires délitables à silex, puis les calcaires compacts du Lias (visibles dans une récente tranchée forestière), qui se prolongent de là jusqu'auprès du sommet. Les deux plis synclinaux, dirigés du Nord au Sud, sont donc incontestables, et nous pourrons tout à l'heure suivre l'un d'entre eux jusque dans l'escarpement méridional, au-dessus de Marignier.

Fig. 1. Coupe le long du pied nord du Môle

Fig. 2. Coupe Ouest-Est, au dessus de Lachat et des Gᵉˢ de Cormand

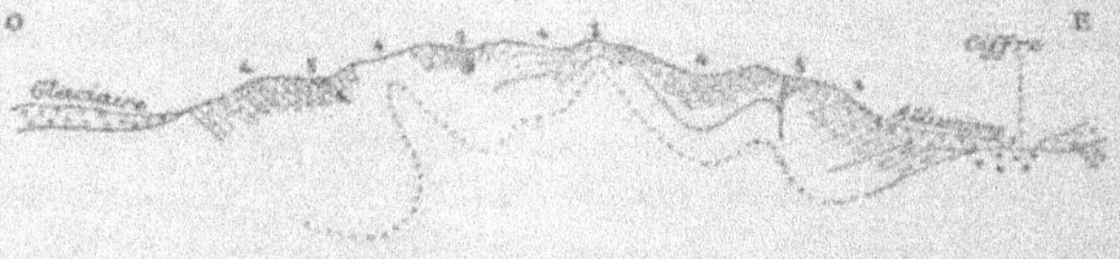

1. Trias. — 3. Lias. — 4. Dogger (calcaires délitables à silex). — 5. Calcaires schisteux. — 6. Malm. — 9. Couches rouges (Crétacé).

La seconde croupe qui borde à l'Ouest le vallon est également, au moins dans sa partie la plus haute (point 1541), formée des calcaires à Encrines, rapportés au Lias ; cet affleurement de Lias, qui indique l'existence d'un second pli anticlinal, descend du côté de Saint Jeoire, en s'infléchissant vers le Nord-Est. C'est sur son parcours que se trouve, au-dessus de Cormand, le petit pointement triasique de calcaires dolomitiques, que j'ai décrit plus haut. La bande liasique disparaît ensuite sous les alluvions, et c'est probablement elle qui, s'infléchissant de nouveau parallèlement au torrent, va reparaître au Pont du Risse. A l'endroit où elle reparaît, au-dessus du chalet Babaz, il existe sans doute une petite faille locale, les calcaires spathiques m'ayant semblé en contact direct avec le Malm.

Les coupes (1) et (2), prises, l'une en suivant à peu près le pied de la montagne, entre la Tour-en-Bas et Cormand, l'autre parallèlement, à la hauteur de 1000 mètres environ, résument les détails précédents, et font comprendre cette structure plissée, que nous allons suivre maintenant dans les parties voisines du sommet.

Régions hautes. Cirques de Champfleuri et du Môle. — J'ai déjà parlé plusieurs fois du cirque de Champfleuri, qui s'ouvre, à l'Est du sommet, au-dessus du ravin des Carviers, et qui est certainement la partie la plus intéressante du Môle. Les couches ont là encore un pendage général vers le Nord, ou plutôt vers le Nord-Est, mais elles présentent la succession normale des terrains plusieurs fois répétée, et forment en réalité un double pli anticlinal, pinçant en son milieu un pli synclinal à flancs très étirés.

Le thalweg qui descend des châlets vers le Sud-Ouest est formé par le Trias, d'abord par un rocher de calcaires dolomitiques, puis par des cargneules et marnes affleurant dans les ravins. Une bande continue de calcaires spathiques liasiques accompagne ce Trias au Sud, forme le seuil du cirque, puis se relève à l'Ouest vers le point 1541 (en passant au-dessus du gisement de fossiles). C'est donc de ce côté aussi qu'il faut chercher, si elle existe, la continuation de la bande anticlinale, et c'est ainsi que j'ai trouvé, près du col occidental, le gisement signalé d'Infralias, avec *Terebratula gregarea*. La bande offre dans son ensemble une convexité bien marquée vers le Nord-Est. Au dessus de la bande,

Fig 3. Coupe du cirque de Champfleuri

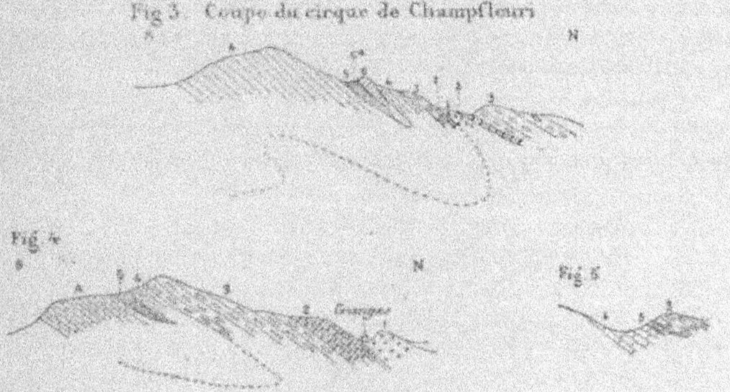

1. Trias. — 2. Infralias. — 3. Lias. — 4. Dogger. — 5. Calcaires schisteux. — 6ᵃ. Oxfordien. — 6. Malm.

en s'élevant sur les pentes assez douces du cirque, on trouve encore les calcaires spathiques ; mais ces calcaires, avec une inclinaison plus forte que celle du terrain, *s'enfoncent sous le Trias*, dont ils sont séparés près des châlets par le gisement d'*Avicula contorta*. En continuant à s'élever, on trouve, à peu près dans l'axe du cirque, deux rochers escarpés de Malm, avec lambeaux de brèche rouge (oxfordienne) sur les bords. Près des rochers, on remarque aussi des schistes étirés ; les blocs éboulés de ces rochers sont nombreux et descendent assez bas dans le cirque. La continuation de la ligne des rochers est formée par des schistes calcaires, bien découverts au-dessus du col qui mène au châlet du Club alpin ; ces schistes calcaires se retrouvent, orientés de l'Ouest à l'Est, au-dessous et au Sud de la crête qui continue le sommet. On peut même les suivre de l'œil à quelque distance dans le ravin abrupt qui descend vers Marignier. Ils semblent là intercalés dans les calcaires à silex et inférieurs au Lias qui forme la crête ; mais c'est de la même manière que le Malm du cirque semble passer sous le Trias ; c'est la continuation ininterrompue du même pli couché qui, complètement dévié vers l'Est, va suivre la falaise terminale du Môle, et qui se retrouve à Marignier où il amène l'intercalation du Lias entre des calcaires dolomitiques et des cargneules, c'est-à-dire entre deux traînées triasiques. La coupe du cirque est donnée par la figure (3) ; celle de la falaise à l'Est du point 1600 par la figure (4). Dans l'intervalle, il m'a semblé, juste en face du point 1600, que le Lias était poussé jusqu'au contact des schistes du Dogger supérieur, avec suppression des calcaires à silex intermédiaires (fig. 5).

Du côté de l'Ouest, le cirque de Champfleuri est séparé par un col assez élevé du cirque plus abrupt et plus étroit de la base du Môle. Là la coupe semble plus belle et mieux découverte ; elle est pourtant plus difficile à interpréter avec certitude, parce que je n'y ai retrouvé ni les niveaux fossilifères, ni les horizons bien définis, comme le Malm et le Trias. Ce sont toujours des couches également inclinées vers le Nord ; on peut seulement affirmer que le Lias affleure dans l'escarpement jusqu'au sommet du Môle et qu'il se retrouve au point 1541 ; les couches intermédiaires, avec les schistes et calcaires rouges signalés plus haut, doivent donc appartenir soit à un synclinal, soit à un anticlinal intermédiaire. La nature lithologique des bancs me semble contredire la seconde hypothèse ; de plus, les schistes rouges du fond du cirque, avec leurs Foraminifères, se retrouvent près du sommet un peu à l'Ouest et semblent bien là passer sous le Lias. C'est ainsi que j'ai été conduit à l'interprétation de la figure 6. Je ne

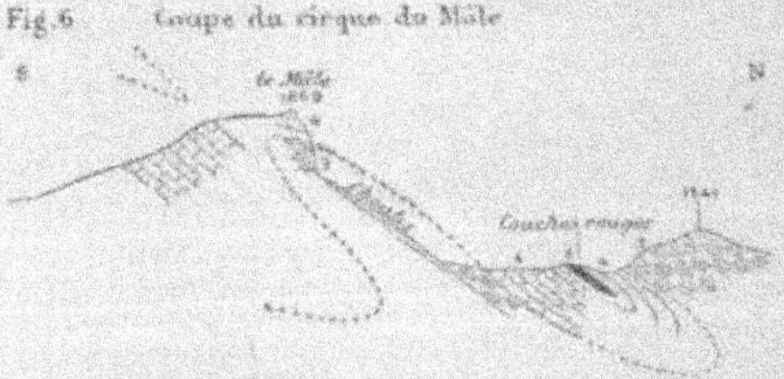

3. Lias. — 4. Dogger (Calcaires délitables à silex). — 9. Couches rouges (Crétacé).

crois pas impossible qu'elle soit modifiée par de nouvelles recherches ; mais on peut affirmer du moins que ces modifications laisseront subsister le fait important, qui est la correspondance des plis du cirque de Champfleuri avec ceux qui ont été décrits sur le versant Nord. Je dois noter seulement, comme indice pouvant mettre sur la voie d'une autre solution, le relèvement vertical de la tête des bancs à l'Ouest de la crête.

Tout le versant Nord de la pointe du Môle est recouvert par des gazons, qui ne laissent guère apercevoir la roche en place que dans une fouille (profonde de 5 mètres), faite cette année pour chercher de l'eau, et dans les sentiers situés un peu plus bas. Cette roche est partout constituée par les calcaires à silex délitables, inclinés vers le Nord ; ces calcaires passent donc sous le Lias du sommet, qui doit correspondre alors à un second pli anticlinal, ainsi que je l'ai figuré. La continuation hypothétique de ce pli a été également indiquée dans la figure (3).

Quelles que soient les difficultés de détail qui restent à résoudre, il n'en est pas moins certain que le cirque de Champfleuri éclaire la structure de la montagne, en montrant que les plis Nord-Sud se dévient vers l'Ouest en se couchant vers le Sud et vont converger vers l'escarpement de Marignier.

Versant oriental. — J'ai peu de chose à dire du versant oriental, où je n'ai guère pu observer que les calcaires à silex du Dogger. Pourtant, comme je l'ai dit, le méplat qui se trouve vers la cote 1000 entre les ravins des Carviers et de la Combaz, est occupé par les schistes du Dogger supérieur, légèrement inclinés vers la montagne. Comme les parties plus hautes sont encore formées de calcaires à silex, il faut qu'il y ait là un petit accident, faille ou changement brusque de pente (fig. 2). Je n'ai pu en déterminer la nature.

Le chemin de Marignier à St-Jeoire, sur la rive droite, reste constamment sur une terrasse glaciaire. Les calcaires domitiques apparaissent et se suivent d'une manière presque continue dans le lit du torrent : ils se relient aux cargneules si développées à Vernant et au-dessus du pont de Marignier, cargneules dont j'ai indiqué plus haut l'âge triasique.

La rive gauche du Giffre est couverte de puissants dépôts glaciaires. Le Flysch à Helminthoïdes [1] y a été signalé par Favre auprès du pont (derrière la première maison en amont), et il va se développer sous la pointe d'Orchez. Je n'ai pas à en parler ici ; j'indiquerai seulement que, d'après ce que m'a montré M. Lugeon, la crête S. E., qui borde le torrent jusqu'au col de Couz, forme un nouveau pli couché, avec Trias au sommet, et que ce pli va se perdre et se noyer en quelque sorte dans le Flysch. Cela montre que le lit du Giffre doit lui-même (fig. 2) correspondre à un petit anticlinal intermédiaire.

Versants occidental et méridional. — Là encore on se trouve dans le domaine presque exclusif et déplorablement monotone des calcaires à silex délitables. La pente semble partout se faire vers l'intérieur de la montagne. J'ai indiqué avec doute, dans la descente du point 1626 à Bovère, l'existence d'un petit affleurement de Lias, dont je n'ai rencontré nulle part le prolongement, et qui tendrait à faire croire que la série se répète plusieurs fois. La coupe de ce versant n'est

[1] M. Lugeon m'a écrit dernièrement qu'il avait trouvé des traces d'Ammonites dans ce gisement. La détermination de Favre serait donc inexacte. L'expression de « Flysch à Helminthoïdes », employée par Favre, ne voudrait pas dire qu'il a rencontré là des Helminthoïdes, mais indiquerait seulement l'assimilation qu'il a été amené à faire d'après l'aspect de la roche. Cet aspect est en effet bien différent de celui des couches jurassiques du Môle. Quelque intérêt local que puisse d'ailleurs avoir la détermination de l'âge de ce lambeau, elle est sans influence sur les conclusions développées dans ce travail. (*Note ajoutée pendant l'impression*).

réellement instructive qu'au Sud de Bovère, en approchant de l'escarpement méridional. La coupe dont je veux parler n'appartient plus, il est vrai, à proprement dire, au massif du Môle, mais aux collines qui prolongent son soubassement ; c'est pourtant ici, à cause des terrains qui la composent, qu'elle doit trouver sa place.

Si en partant des dernières maisons au Sud de Bovère, au lieu de remonter le vallon, on le traverse (petit sentier dans les prés), et si l'on se dirige alors sous les bois vers le Sud-Ouest, on arrive à une grange isolée, marquée sans nom sur la carte, au bord d'un ravin secondaire, dans lequel affleurent les cargneules. Ces cargneules se suivent vers le Sud jusqu'à l'escarpement. Elles sont bordées à l'Est par une crête de rochers liasiques (calcaires à Pentacrines) et à l'Ouest par des terrains marneux d'une toute autre nature, qui, comme je le dirai, appartiennent au Néocomien. Cette ligne de séparation est importante ; elle correspond probablement à la grande faille que Favre a décrite (*Rech. géologiques*, t. II, p. 12), entre le massif des Voirons et les massifs de l'Est, faille qui met également en contact les cargneules avec des termes beaucoup plus récents. M. Jaccard a proposé, il est vrai, de faire de ces cargneules des cargneules tertiaires ; sans discuter une opinion que rien dans la coupe de M. Jaccard (fig. 3 de son mémoire) ne me semble justifier, je me contente de remarquer avec lui qu'il faut en tout cas admettre une faille et que la correspondance signalée n'en resterait pas moins très probable ; cette correspondance ajouterait même au besoin un argument de plus à ceux qu'on peut faire valoir contre l'attribution des cargneules à l'Éocène[1].

Fig. 7 Coupe de la falaise au Nord de Bovère

1. Trias. — 3. Lias. — 4. Dogger. — 5. Calcaires schisteux. — 9. Couches rouges. — 10. Alluvions.

La coupe à l'Est de cette faille est très simple (fig. 7) ; le Lias et le Dogger se succèdent normalement, et ce dernier est surmonté, dans le vallon de Bovère, au pied des bois, par les schistes calcaires. Au-delà du vallon, sur les croupes du Môle, reparaît l'interminable succession des calcaires délitables, avec le même pendage ; et comme ceux-ci sont certainement d'un âge plus ancien, il faut qu'il

[1] Cette question ne peut même pas se poser dans le Môle. Je rappelle seulement que, pour tous les exemples où des apparences bien autrement décevantes avaient porté M. Schardt à proposer et soutenir cette opinion, une étude plus approfondie l'a décidé lui-même à y renoncer, voir Schardt, *Arch. Sc. phys. et nat.*, t. XXVII, 1891, et Rittner, *Bull. Soc. Vaudoise Sc. nat.*, t. XXVIII. Il reste encore sans doute des gisements de cargneules et de gypse inexpliqués ; mais on ne peut plus guère douter que leur association avec le Flysch ne soit le résultat de mouvements mécaniques.

y ait une faille ou un pli faille, à peu près sur l'emplacement du vallon[1]. Comme je l'ai expliqué plus haut, les schistes rouges crétacés de Bovère, qui se placent sur la continuation des schistes calcaires, semblent de la même manière (fig. 8), s'enfoncer sous les calcaires à silex ; ils sont donc bordés par le prolongement de la même faille, dont la direction Nord-Sud est ainsi bien accusée.

Voilà donc deux failles qui viennent aboutir à l'escarpement méridional ; la première question à étudier est de savoir ce que deviennent ces failles et comment elles se traduisent dans l'escarpement. Or, comme les plis précédemment étudiés, ces *failles se dévient vers l'Est, en se couchant vers le Sud.*

On peut d'abord voir du haut de la falaise que la masse rocheuse du Jurassique supérieur, sur laquelle un peu plus à l'Ouest s'appuie en concordance le Néocomien, se prolonge assez loin vers l'Est au pied de la falaise, en prenant une position de plus en plus rapprochée de l'horizontale (pour suivre cette description de la falaise méridionale voir plus loin la figure 12). Si de plus en partant des maisons des Gallinous, à l'endroit où le chemin de Bonneville au Môle entre dans les bois, on quitte ce chemin pour remonter droit au Nord par les sentiers d'exploitation des bois, on touche sur la gauche les calcaires blancs du Malm, puis on arrive à des marnes noires, d'épaisseur très réduite, sans fossiles, mais continuant avec évidence le Néocomien si développé dans le grand ravin à l'Ouest. Ce Néocomien vient là se terminer en pointe. Au-dessus, je n'ai pas vu de cargneules, mais seulement le Lias, qui avec des contournements assez bizarres, visibles à distance, paraît former en ce point la plus grande partie de l'escarpement. En revenant ensuite aux Gallinous, et en suivant vers l'Est la nouvelle route en construction, on rencontre dans les tranchées des calcaires marneux blancs qui me semblent oxfordiens, des calcaires à silex (peut-être éboulés), et enfin on peut voir, encore plus à l'Est, dans le ravin d'Aïse, que la base de l'escarpement est formée par les calcaires blancs du Malm, auquel les autres bancs de la falaise semblent superposés. C'est donc sur près d'un kilomètre qu'on peut suivre vers l'Est la trace de la première faille, déviée au pied de l'escarpement.

Les conclusions ne sont pas moins nettes pour la seconde faille. En partant du vallon de Bovère, et en descendant le chemin de Bonneville vers les Gallinous, on entre presque immédiatement dans les calcaires dolomitiques et les cargneules, surmontés de l'autre côté du ravin par un petit rocher de Lias. C'est évidemment le côté oriental de la faille, dont la lèvre Ouest est formée par les schistes de Bovère. D'ailleurs, en continuant la descente, sur le chemin même, on trouve, en sortant des cargneules, un lambeau de ces schistes rouges, marquant le passage de la faille. Au-delà on entre dans le Lias masqué par les éboulis.

Les calcaires dolomitiques vont passer dans le ravin d'Aïse, au-dessus du Malm, et continuent, à peu près horizontalement à la base de l'escarpement, jusqu'à la grande traînée d'éboulis des Riondets sous laquelle ils disparaissent.

[1] En réalité le vallon montre un double thalweg, avec une croupe glaciaire entre les deux.

Ainsi la base du Môle (fig. 9), est dans cette partie, formée par des écailles successives qui répètent les terrains plusieurs fois, comme nous le verrons à l'autre extrémité, près de Marignier. Les cargneules sont là comme partout surmontées par le Lias, et il n'y a aucune raison stratigraphique pour ne pas les placer dans le Trias. Si l'on voulait les rajeunir parce qu'elles se trouvent localement amenées au-dessus du Lias, il faudrait les rajeunir bien plus encore que ne l'a fait M. Jaccard, puisqu'elles se trouvent aussi au-dessus du Malm, qui forme la base de l'escarpement.

Fig. 9 Coupe au ravin d'Aïse

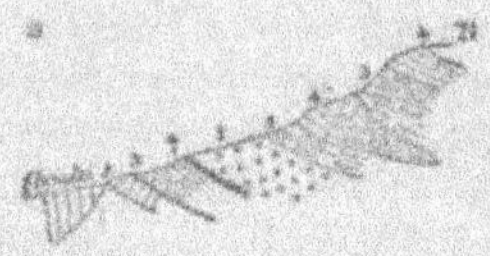

1. Trias. — 3. Lias. — 4. Dogger. — 7. Jurassique supérieur.

La partie du versant méridional, qui est comprise entre le ravin d'Aïse et Marignier, présente de grandes difficultés d'accès. Les couloirs assez raides par lesquels on peut faire l'ascension sont formés par deux grands cônes d'éboulis, et ne permettent pas d'observations suivies : ma carte ne peut donc prétendre là à une grande précision. Voici seulement les données que j'ai pu recueillir.

D'abord cette falaise méridionale ne forme pas, comme on l'a admis dans les coupes précédentes, une ligne continue d'escarpements, mais trois lignes distinctes, en retrait l'une sur l'autre à mesure qu'on s'avance vers l'Est. La première, celle dont nous avons commencé l'examen, correspondrait aux plis de la base occidentale du Môle ; la seconde, aux plis encore mal connus du versant occidental, et la troisième, celle qui vient aboutir à Marignier, aux plis du sommet. Les éboulis empêchent de voir ce que les plus occidentaux de ces plis deviennent ou comment ils se terminent du côté de l'Est.

La base du premier escarpement, au-dessous des Riondets, peut s'atteindre en gravissant une pente raide d'éboulis sous lesquels le Trias a disparu. Elle est formée par le Lias, et, m'a-t-il semblé aussi, par des calcaires plus marneux qu'on serait plutôt tenté de rapporter au Dogger ; les couches présentent là d'ailleurs des contournements locaux, dont je n'ai pu suivre ni m'expliquer le détail. Plus haut, le Lias reparaît sous les châlets des Riondets, et entre les deux, on voit de loin une bande de calcaires plus marneux et plus délitables, qui pourraient représenter une pointe synclinale de Dogger, c'est-à-dire une nouvelle répétition de couches dans la paroi. En tout cas, quand on arrive sur les bords du grand ravin d'où est descendu l'éboulement, on trouve de nombreux fragments de calcaire dolomitique, dont je n'ai pas eu le courage d'aller chercher le gisement en place, mais qui proviennent certainement de la paroi voisine. Ces fragments indiquent qu'une nouvelle bande de Trias vient s'introduire dans l'escarpement, au dessus du Lias et bien au-dessus de celle que nous avons signalée plus à l'Ouest.

Ce Trias se retrouve d'ailleurs de l'autre côté de la traînée d'éboulis, dans les pentes qui s'élèvent au-dessus d'Eponney ; mais là, il n'y a plus de Lias au-dessous. Les cargneules ont un large affleurement qui descend beaucoup plus bas jusqu'à la mollasse ; ce large affleurement représenterait donc *les deux bandes de Trias réunies en une seule* par le coincement des couches intermédiaires. Quant à la bande inférieure de Malm, elle a complètement disparu, soit par suite d'un coincement analogue, soit parce qu'elle est masquée sous la mollasse discordante. Je discuterai plus loin cette question de discordance de la mollasse ; pour le moment je me contente de mentionner une observation, qui tend à montrer que la mollasse, contrairement à l'idée qui vient tout d'abord, ne participe pas au régime de ces écailles superposées et ne pénètre pas sous la montagne ; c'est l'inclinaison brusque que les bancs du Trias prennent vers le Sud, c'est-à-dire vers la mollasse, dans le petit rocher isolé qui surmonte les maisons d'Eponney.

Au-dessus du Trias, d'après l'allure que présente la pente vue du châlet du Club alpin, d'après l'alternance qu'on y remarque entre les rochers abrupts et les pentes gazonnées, correspondant probablement à des parties plus délitables, je suis porté à croire que le Lias se répète deux fois avant d'atteindre la crête (également liasique) qui domine, au dessus du point 1600, le cirque de Champfleuri. Dans l'état des observations, ce n'est qu'une hypothèse, et je n'ai pas voulu en tenir compte dans les contours de la carte, mais j'ai essayé de rendre

Fig. 10 Coupe du versant sud du Môle (à l'ouest d'Eponney)

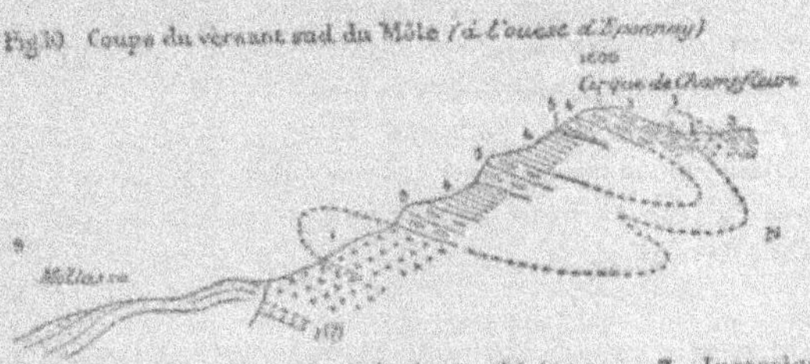

1. Trias. — 3. Lias. — 4. Dogger. — 5. Calcaires schisteux. — 7. Jurassique supérieur.

compte de cette structure dans la coupe ci-jointe (fig. 10). Cette coupe est schématique, et certains détails en sont discutables ; elle fait bien, en tout cas, comprendre le degré de complication qui peut, et qui doit même probablement, résulter de la convergence de tous les plis vers la falaise méridionale.

Au-delà d'Eponney, les éboulis recommencent ; la falaise rocheuse recule vers le Sud, et l'on trouve une nouvelle coupe intéressante à étudier au dessus de Marignier. C'est cette coupe surtout qui a décidé M. Jaccard à mettre les cargneules du Môle dans le Dogger ; après ce qui précède, les prétendues anomalies en sont faciles à expliquer.

Au-dessus de Marignier, jusqu'au Pont, le bord de la plaine d'alluvions est formé par un talus de calcaires schisteux noirâtres et marnes feuilletées, où M. Jaccard a recueilli des Ammonites pyriteuses et des Bélemnites, dont il ne donne pas la détermination, mais qu'il rapporte au Lias supérieur. N'ayant pas moi-même trouvé de fossiles, je n'ai aucune objection à faire à cette attribution. Ces schistes représentent un faciès que je n'ai pas vu ailleurs dans le Môle, et je serais assez tenté d'y voir des calcaires rendus schisteux par compression.

Quoi qu'il en soit, en montant le petit chemin qui vient de Marignier à Vernand, avant d'atteindre la croix qui est à la séparation des deux versants, on rencontre au-dessus de ces schistes des cargneules et des calcaires dolomitiques, à leur tour surmontés par les couches ordinaires du Lias. Si ensuite on monte, soit directement par les champs à pente très raide, soit par Vernand et par le chemin, aux maisons de Lullier, on retrouve à l'Est de ce hameau, les calcaires

Fig. 11. Coupe par Marignier

1. Trias. — 3. Calcaires compacts du Lias. — 3b. Calcaires schisteux (Lias supérieur ?). — 4. Dogger.

dolomitiques toujours avec le même pendage (fig. 11). Ces calcaires dolomitiques sont, comme je l'ai dit, situés en face de ceux du cirque de Champfleuri et vont de l'autre côté rejoindre la grande masse de cargneules de Vernand. Ils sont donc certainement triasiques, comme ceux de Champfleuri, *quoique superposés au Lias*, et ces alternances ne sont que la répétition du phénomène décrit plus à l'Ouest. Le Lias qui forme toute la crête depuis le cirque de Champfleuri vient disparaître en pointe dans la masse de Trias, ainsi que le montre la carte. Le Trias d'Eponney, si on en pouvait voir la continuation, viendrait sans doute passer *au-dessous* du Lias du Pont, et l'on constaterait alors, non pas une double, mais une triple alternance.

Résumé. — On peut conclure de cette discussion : que l'étude du Môle ne peut servir d'argument pour modifier même localement l'âge triasique, bien reconnu maintenant dans les Alpes suisses et françaises, du gypse et des cargneules ;

Que la structure du Môle, beaucoup plus complexe qu'on ne l'avait supposé, est bien conforme au dessin général qu'indique déjà la topographie pour l'allure des chaînons de cette région c'est-à-dire à l'infléchissement général en demi-cercle autour du massif du Chablais ;

Que cet infléchissement, se faisant très brusquement dans le Môle avec une déviation presque égale à 90°, paraît avoir été la cause déterminante de la saillie du Môle et de la formation de l'arête centrale, si remarquablement culminante au milieu des cimes voisines;

Enfin que les plis successifs, venant se serrer et comme s'écraser dans les escarpements qui terminent la montagne du côté de l'Arve, y ont produit un remarquable exemple de structure imbriquée ou d'empilement de couches, sans que rien dans l'apparence résultante traduise la différence avec une succession régulière.

J'ajouterai que des conditions analogues se retrouvent dans la pointe d'Orchez, qui est de la même manière la continuation des plis plus orientaux, également déviés vers l'Est. C'est le résultat des études que M. Lugeon a faites dans ce massif, dont, dans une course commune, il m'a montré les traits principaux. Je suis heureux de dire combien ce point de départ m'a été utile pour interpréter les difficultés du Môle.

COLLINES QUI PROLONGENT LE SOUBASSEMENT DU MOLE (COLLINES DE FAUCIGNY)

Travaux antérieurs. — La région que je viens de décrire se prolonge à l'Ouest par une série de collines, qui s'élèvent à 5 ou 600 mètres au dessus de l'Arve, et qui, depuis les travaux de Favre, sont communément désignées sous le nom impropre de « base du Môle ». Ces collines séparent l'Arve du grand plateau d'alluvions glaciaires de St-Jean-de-Tholomé. Elles sont presque exclusivement constituées par le Jurassique supérieur et par le Néocomien, dont le faciès est sensiblement différent de celui qu'on constate dans les chaînons de l'Est.

De même que le Môle correspond aux massifs des Braffes, d'Hirmente et de Miribel, ces collines correspondent aux Voirons, et peut-être, en même temps, à d'autres plis plus occidentaux cachés sous la mollasse. Les couches deviennent heureusement plus fossilifères, et j'estime que, dans cette partie, on pourrait presque partout, en y consacrant un temps suffisant, appuyer les différentes coupes sur des preuves paléontologiques. J'avoue pourtant que mes récoltes personnelles ont été assez pauvres, en grande partie à cause de la pluie qui m'a presque constamment poursuivi pendant le temps que j'avais réservé à cette étude.

Là encore, la structure m'a semblé plus complexe qu'on ne l'a dit. Les plis sont assez aigus, et ont une direction remarquablement variable. Je suis assez porté à accepter l'existence de failles transversales, comme l'ont indiqué successivement Ebray et M. Jaccard ; mais, si l'existence de ces failles est probable, elle est bien difficile à constater et à suivre avec certitude. Pour Ebray, qui semble être venu dans les Alpes, à la fin de sa vie, avec des idées théoriques trop arrêtées, ces failles étaient le phénomène principal ; il en donne de grands tracés rectilignes, qui passent presque toujours dans les points où il n'y a pas d'observation possible. Quant aux plis, qu'il ne peut nier, il se débarrasse de leur étude avec cette phrase, qui mérite d'être citée : « Pouvons-nous concevoir l'espérance d'expliquer chaque changement d'inclinaison, chaque contournement constaté dans un massif de 400 mètres de longueur, disloqué par les irradiations de deux failles venant se couper au même point avec une troisième perpendiculaire aux deux premières ? Nous ne le pensons pas et nous n'essaierons pas de le faire. » M. Jaccard reproche aussi à Favre d'avoir été « sans cesse préoccupé de l'idée de reconstituer les voûtes et leurs jambages. » C'est un reproche que je mérite également, la connaissance des axes des plis, des *leitlinien*, me semblant être le véritable guide dans la stratigraphie de montagne.

Description des couches. — La série des couches qui entrent dans ces nouveaux plis est très différente de celle du Môle proprement dit. J'en donnerai d'abord une brève énumération.

L'étage le plus ancien qui apparaisse est formé par des schistes feuilletés brunâtres, qui renferment des Bélemnites et des Posidonies (*Posidonomya alpina ?*)[1]. J'ai recueilli ces fossiles, le long de la route de Bonneville à Faucigny, un peu après les maisons de Monniant, dans la tranchée ouverte à l'entrée d'un nouveau chemin d'exploitation. Des roches analogues se retrouvent, mais sans fossiles, dans le sentier qui descend du col d'Orgevaz, sur la rive gauche du ravin, et de l'autre côté de la falaise, sur le versant de St-Jean de Tholomé, dans les champs à l'ouest du hameau des Ruz. Ces trois affleurements sont excessivement restreints, et représenteraient seuls le Dogger (ou le callovien).

L'Oxfordien comprend des marnes grises et noirâtres, où je n'ai trouvé que quelques fragments de Bélemnites et quelques Ammonites du groupe de *A. plicatilis ;* elles semblent assez épaisses et forment au-dessous du Mont de grands talus éboulés. La partie supérieure est formée près de Faucigny par des calcaires marneux, en bancs bien lités, rappelant un peu les calcaires à chaux hydraulique du Jura ; ils alternent avec les marnes et ne semblent pas exister partout. Puis viennent des calcaires plus durs bien lités, avec de nombreuses Ammonites, assez mal conservées, visibles surtout à la base des bancs et leur donnant un aspect noduleux. Les Ammonites que j'y ai recueillies sont, d'après les déterminations de MM. Munier-Chalmas et Haug : *Oppelia. cf. flexuosa*, Neum.; *Perisphinctes Lucingæ*, E. Favre, *Rhacophyllites Loryi*, Mun. Ch. Ces espèces indiquent le sommet de la zône à *Ammonites bimammatus*.

Ces bancs sont le début d'une puissante série calcaire, qui forme les escarpements de la côte. Ces calcaires sont d'un gris foncé et bien lités à la base, blancs et plus massifs, avec silex blancs et rougeâtres, à la partie supérieure; les calcaires blancs sont ceux qui supportent les ruines du château de Faucigny, à l'Est duquel les calcaires gris sont encore exploités en carrière au-dessus de la route. Ces derniers sont très riches en Aptychus ; Ebray y signale *Terebratula janitor*[2], et *Zamites Feneonis*, dans une carrière située « à l'Ouest du col de Reray ». Faute d'indication plus précise, je n'ai pu trouver où était cette carrière; toutes celles que

[1] L'espèce en tout cas a semblé à M. Douvillé être la même que celle des schistes calcaires du Môle.

[2] La *Terebratula diphya* est aussi signalée par Favre aux Voirons.

j'ai vues sur ce versant sont des carrières abandonnées, et aucune ne répond à la description d'Ebray. Dans les grands éboulis des rochers de Penouclaire, j'ai recueilli : *Oppelia compsa*, Opp., dans les calcaires gris, et *Phylloceras ptychoicum*, Quenst., dans les calcaires blancs. La division lithologique en calcaires gris à Aptychus et en calcaires blancs plus massifs m'a semblé pouvoir se suivre sur le terrain, et en tenant compte de l'indication d'Ebray, j'ai réuni provisoirement les premiers sous la notation (j^{3-5}) et les seconds sous la notation (j^{6-7}). Le premier groupe comprendrait ainsi l'Astartien et le Virgulien, et le second se bornerait au Tithonique supérieur.

Au-dessus de ces calcaires jurassiques, on trouve en plusieurs points des calcaires blancs ou d'un blanc grisâtre, à grain très fin et à cassure conchoïdale. Ce sont les calcaires décrits par Favre aux Voirons et au col de Reray comme néocomiens. Pas plus que M. Jaccard, je n'ai pu retrouver la faune assez riche signalée par Favre au col de Reray ; je n'ai vu là qu'une empreinte très mauvaise de Criocère, quelques Aptychus du groupe du *Didayi*, et un *Pecten*. J'ai trouvé par contre plusieurs Ammonites dans deux gisements nouveaux, à l'Est et à l'Ouest du col de Saint-Jean. Ce sont, d'après les déterminations de MM. Douvillé et Haug : *Olcostephanus Astieri*, d'Orb. et *Hoplites castellanensis*, d'Orb., var. D'autres fragments, quoique moins sûrement déterminables, complètent l'aspect franchement hauterivien de cette faune.

Les calcaires marneux (plutôt schisteux au Reray) qui contiennent ces fossiles, sont surmontés, à ce col et dans l'échancrure située plus loin à l'Est, par des marnes argileuses noirâtres, qui ont une certaine analogie d'aspect avec les marnes oxfordiennes. Dans ces deux affleurements, elles sont développées avec une grande épaisseur ; le chemin de St-Jean de Tholomé les suit jusqu'à la rencontre de la route de Bovère, elles contiennent des bancs de calcaire, également noirâtre, qui sont exploités en carrière sur le bord de cette route. J'y ai trouvé un banc glauconieux. Elles sont remarquablement pauvres en fossiles ; c'est peut-être à leur base que M. Jaccard signale des huîtres ; on y trouve quelques fragments de test d'Acéphales ; un banc contient des Pentacrines.

La position stratigraphique de ces marnes ne permet pas de douter qu'elles ne soient supérieures au Néocomien. On pourrait songer au premier aspect, comme M. Jaccard dit en avoir eu l'idée, à les rapprocher de certains bancs schisteux du Flysch ; mais la présence des bancs glauconieux et des Pentacrines, en même temps que leur liaison intime avec les couches fossilifères du Néocomien, me portent à les maintenir dans cet étage, et à y voir probablement un faciès du Barrémien, c'est-à-dire un faciès latéral de l'Urgonien qui se montre brusquement avec de si grandes épaisseurs sur l'autre rive de l'Arve.

En tout cas, il est bien remarquable de constater avec quelle rapidité varient dans la région la nature et l'importance des dépôts crétacés ; à St-Jeoire et à l'Est, le Malm est très développé et supporte, directement ou par l'intermédiaire de calcaires néocomiens peu puissants, les couches rouges à Foraminifères ; dans l'Ouest des massifs des Braffes et du Môle, ces couches rouges reposent directement, sans Malm intercalé, sur les calcaires à silex rapportés au Dogger. Puis de l'autre côté de la faille, que j'ai considérée comme la limite du massif, le Néocomien reparaît, surmonté par des masses noires très épaisses et inconnues à l'Est. Le changement est presque aussi complet que celui qui se produit entre les deux rives de l'Arve. Rien ne permet de supposer qu'on ait affaire à des disparitions de couches par étirement ; les couches crétacées ne montrent, pas plus à l'œil nu qu'au microscope, aucun indice de laminage. Les étages qui font localement défaut n'accusent autour de ces points aucun phénomène de rivage ; il semble qu'il y ait eu là, à la fin de la période jurassique, et au début du Crétacé, formation de hauts fonds ; en tout cas des mouvements assez importants sont nécessaires pour expliquer ces lacunes et ces rapides variations dans la sédimentation. Je reviendrai sur cette question.

Plus à l'Ouest, du côté de Faucigny, la mollasse s'appuie directement contre le Jurassique. Son affleurement forme une languette étroite, qui va des Moirons à Chez Padou ; aux deux extrémités, elle est exploitée actuellement en petites carrières, qui seront sans doute prochainement rebouchées. L'aspect me semble identique à celui de la mollasse qui remplit la vallée de l'Arve. Favre (*Rech. géol.*, t. I, p. 438) indique pourtant le sol dans cet endroit comme « formé de grès à fucoïdes associé au grès nummulitique ». Pour qui a étudié l'ouvrage de Favre et a reconnu le soin minutieux avec lequel il précise tous les gisements de fossiles, cette phrase indiquerait plutôt que Favre n'a recueilli là ni fucoïdes ni nummulites, mais qu'il a cru seulement constater le faciès des roches qui en contiennent ordinairement. M. Jaccard a suivi Favre dans cette attribution et parle de grès éocène qui disparaît sous le glaciaire. La petite carrière des Moirons (au milieu du pré qui est au Nord-Ouest de la maison) montre un banc tout rempli de débris de tiges et de plantes terrestres carbonisées ; elles sont indéterminables ; ce n'en est pas moins un indice qui vient appuyer l'assimilation lithologique indéniable avec la mollasse de la vallée de l'Arve.

Etude de la structure et coupes. — *Partie comprise entre le Môle et le col de Reray.* — Je commencerai la description par l'Est, en continuation des coupes que j'ai données du Môle. Je donne, dans la fig. 12, une vue de l'ensemble de la falaise, qui étant prise parallèlement à la direction moyenne des plis, ne peut donner de la structure qu'une idée imparfaite, mais qui permettra de suivre plus facilement la description (fig. 12).

La première série de crêtes que l'on rencontre en venant du Môle, celle qui s'étend entre la faille décrite plus haut au Nord de Bovère et le col de Reray, montre le dessin très net d'un pli synclinal et d'un pli anticlinal, tous deux couchés vers le Sud-Ouest ; le premier ne peut se constater qu'en suivant le haut de la falaise ; le second au contraire est bien visible du bas, depuis Bonneville.

Si en partant de l'affleurement triasique, on suit, à partir de la petite grange qui est cachée dans les arbres sur le bord de l'escarpement, le sentier qui longe le haut de la falaise, on marche d'abord sur les calcaires néocomiens, puis on descend une pente assez raide dans des marnes noires à miches calcaires ; on arrive ainsi à un second col où reparaissent les calcaires néocomiens, superposés au Jurassique supérieur ; toutes les couches sont inclinées vers l'Est. Du col, on a une belle vue sur le ravin vertigineux qui est découpé dans ces mar-

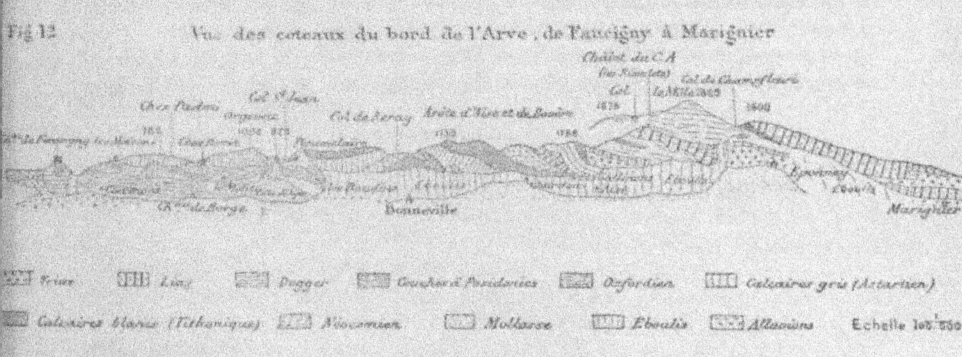

nes noires ; elle se continuent, comme je l'ai dit, jusque au-dessus des Gallinous, où le Néocomien calcaire a disparu, et le Malm se prolonge jusqu'au ravin d'Alse. La coupe (fig. 13) est très nette et très claire, malgré l'absence de fossiles.

Fig 13 Coupe au dessus des Gallinons

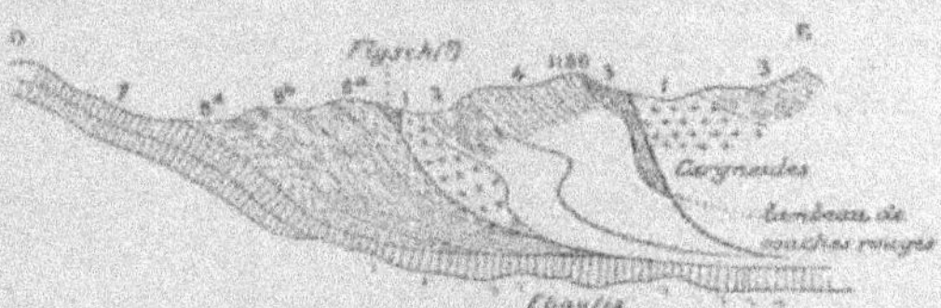

1. Trias. — 3. Lias. — 4. Dogger. — 5. Calcaires schisteux. — 7. Jurassique supérieur. — 8ᵃ. Néocomien calcaire. — 8ᵇ. Marnes noires néocomiennes.

Il faut pourtant signaler un banc énigmatique qui se trouve auprès de la cargneule, à quelques mètres au Nord de la maison du bord de l'escarpement. M. Renevier, qui l'a vu, m'a déclaré qu'on ne pouvait pas en faire autre chose que du Flysch ; c'est un calcaire gréseux, brunâtre, un peu contourné, qui a une pente assez forte en sens inverse de la pente générale, c'est-à-dire vers l'Ouest. La présence du Flysch en ce point serait assez étrange ; quoiqu'il n'affleure pas dans le voisinage, on pourrait songer à le considérer comme un lambeau pincé dans la faille ; mais cette faille, qui va passer dans l'escarpement en se rapprochant de plus en plus de l'horizontalité, est certainement un pli-faille, et le Flysch ne serait pas à la place qu'on devrait attendre, situé comme il l'est entre le Trias et le Néocomien inférieur renversé. D'un autre côté, je suis amené plus loin à penser qu'il y a là convergence de deux failles, si la roche est réellement en place, comme il semble difficile de le nier malgré la très faible étendue de l'affleurement, sa présence pourrait ainsi s'expliquer et se trouverait même alors être une confirmation indirecte de la solution que je propose pour la structure du col de Reray.

De l'affleurement néocomien jusqu'au point 1130, qui constitue à l'Est du col de Reray le point culminant de la crête, le sommet de l'arête (arête d'Aise et de Bovère, fig. 12 et 25), est formé par les calcaires jurassiques supérieurs, d'abord plongeant fortement sous le Néocomien, puis à peu près horizontaux.

Fig. 14 Vue et coupe du col de Reray

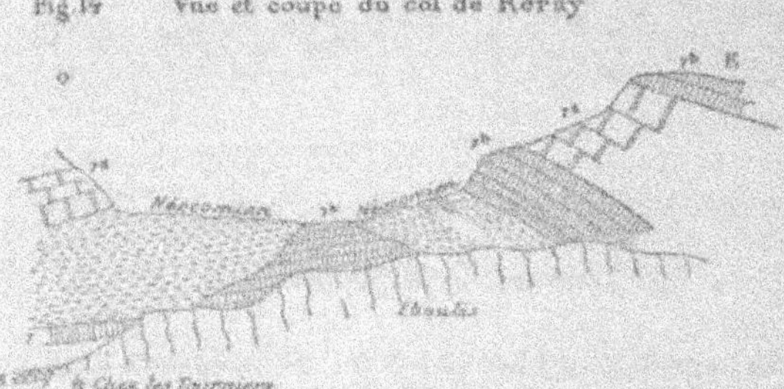

6. Oxfordien. — 7a. Calcaires gris bien liés. — 7b. Calcaires blancs (lithonique).

La crête (fig. 14) s'abaisse vers le col par une pente douce comprise entre deux escarpements ; la pente douce est formée par des calcaires gris plus délitables, qu'on voit descendre dans la falaise jusqu'aux éboulis du versant de l'Arve, et là on reconnaît au milieu de ces calcaires une voûte bien formée, avec lits plus marneux qui contiennent des *Ammonites plicatilis*, des *Aptychus* et des Bélemnites. La retombée Ouest de cette voûte, d'abord verticale, se continue, en s'inclinant vers l'ouest, jusqu'à l'escarpement qui surplombe le col ; cet escarpement est constitué par les calcaires blancs du Jurassique le plus supérieur, qu'on voit *reposer sur* les calcaires schisteux du Néocomien, et qui supportent les calcaires gris attribués à l'Astartien. La coupe donnée par Favre, que je reproduis (fig. 15), me semble de ce côté absolument incontestable. Je m'explique qu'Ebray, avec ses idées préconçues, en ait nié la réalité et ait tenu à classer dans l'Oxfordien les couches néocomiennes, malgré la longue liste des fossiles donnée par Favre avec les déterminations de Pictet ; mais je ne m'explique pas comment M. Jaccard, qui reconnaît l'âge néocomien des couches du Reray, a pu les séparer par une faille verticale de l'escarpement jurassique. On peut toucher le plan de superposition et y introduire une lame de couteau.

Ce pli couché de l'Est du Reray présente cette particularité qu'il s'abaisse très rapidement et que la voûte jurassique semble à faible distance disparaître complètement sous le Néocomien qui l'enveloppe. On ne voit nulle part, il est vrai, sauf, comme je l'ai dit, dans l'escarpement Sud, la courbure anticlinale des bancs ; mais les calcaires néocomiens du premier col se suivent au pied des bois jusque auprès des maisons de Voisin ; sous les maisons de Châtel ils reparaissent dans les prés, et d'après leur direction, comme d'après la nature du relief intermédiaire, il ne semble pas douteux, malgré la couverture de terrains erratiques, que les deux bandes ne se rejoignent, que le Néocomien n'entoure complètement de ce côté les rochers jurassiques. Cette particularité est utile à noter, comme excluant complètement une des hypothèses qui pourraient se présenter à l'esprit pour expliquer les singulières apparences de l'autre bordure du col de Reray, et qui consisterait à voir dans les deux masses jurassiques de l'Est et de l'Ouest les restes d'une même nappe, primitivement continue et superposée au Néocomien.

Col de Reray et massif de Penonclaire. — A l'exemple de Favre, je désigne par ce dernier nom, qui ne figure pas sur la carte d'État-Major, le grand plateau calcaire qui s'élève à l'Ouest du col de Reray, et qui se termine du côté de l'Arve par un escarpement vertical de plus de cent mètres de haut ; le pied de cet escarpement est bordé d'immenses éboulis, qui se poursuivent au-dessus du col de Reray jusqu'au ravin de l'Epargny. Ce massif qui a embarrassé Favre, est certainement le point le plus difficile à expliquer de la région. Parmi les solutions auxquelles j'ai songé, celle que je propose plus loin m'a seule semblé admissible ; mais je ne me dissimule pas qu'elle reste susceptible de sérieuses objections.

L'escarpement de Penonclaire est formé par des calcaires à peu près horizontaux, qui, contrairement à ce qu'on constate de l'autre côté du col, *ne sont pas renversés.* A la base sont les calcaires gris bien lités à Aptychus, et au sommet les calcaires blancs à *Ammonites ptychoicus*, surmontés même à l'extrémité Ouest par le Néocomien. Mais quand, après avoir longé la base de l'escarpement, on approche du col de Reray, on voit sortir de dessous les éboulis des masses noirâtres et des calcaires schisteux, qui semblent s'enfoncer sous le Jurassique. Favre dit avec raison que ces calcaires schisteux sont exactement semblables à ceux qui contiennent des Criocères au col ; M. Jaccard, qui les nomme à tort des grès schisteux, pense avec doute qu'ils constituent un faciès particulier du Néocomien, inférieur aux couches à Céphalopodes. Ebray supprime la difficulté, en déclarant que les couches sont oxfordiennes. J'aurais vivement désiré pouvoir lui donner raison sur ce point ; mais l'aspect des couches aussi bien que leur continuité avec le Néocomien rend tout d'abord cette solution bien peu probable ; de plus j'ai fini par y trouver en place un *Aptychus*, que M. Douvillé a déterminé comme étant du groupe de *Apt. Didayi.* J'ajouterai aussi que j'y ai retrouvé le banc glauconieux signalé plus haut.

On a donc bien affaire à du Néocomien, et l'on peut donner encore un dernier argument à l'appui : Favre signale dans sa coupe, au milieu du col, un rocher triangulaire de calcaire jurassique, sur lequel reposent les couches néocomiennes, (en superposition normale à l'Est, avec une petite faille secondaire à l'Ouest). La base de cet affleurement jurassique est masquée sous les éboulis, mais on peut pourtant en retrouver la continuation au-dessus des maisons de chez les Tourniers, juste au-dessous des couches en litige. Je n'ose pas affirmer que la superposition soit normale, ni que ce Jurassique soit le Jurassique le plus supérieur; il y a même un peu plus à l'Ouest, et un peu plus bas, un petit affleurement de marnes, où je n'ai pas trouvé de fossiles, mais qui sont tout à fait semblables aux marnes oxfordiennes. Il faudrait en conclure que la série jurassique est là très réduite d'épaisseur, ou tronquée par une faille parallèle à l'escarpement (fig. 14) ; il n'en est pas moins certain que les calcaires schisteux sont compris entre deux complexes de Jurassique supérieur, et que l'attribution à l'Oxfordien, contredite par les rares fossiles et par les caractères pétrographiques, ne supprimerait pas la difficulté.

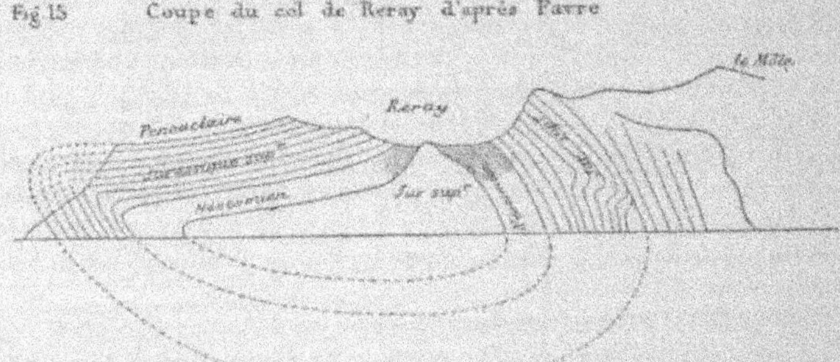

Fig. 15 Coupe du col de Reray d'après Favre

Comment expliquer maintenant la position de ce Néocomien ? Favre admet que le Néocomien passe sous le Jurassique, et ne discute même pas d'autre hypothèse. M. Jaccard (fig. 14 du mémoire cité) admet au contraire une faille verticale et dit simplement : « le renversement décrit par Favre n'existe pas ». M. Jaccard ajoute, il est vrai, que les fossiles oxfordiens se retrouvent à la base de l'escarpement, mais il ne précise ni la place ni les espèces[1]. En tout cas, je crois pouvoir affirmer que *les marnes oxfordiennes* ne sont nulle part visibles entre la falaise et le talus d'éboulements.

J'insiste sur ce point, parce qu'il faut évidemment un substratum marneux et délitable pour expliquer de pareils éboulements et la présence de ce grand escarpement vertical dans des masses calcaires horizontales, qu'il a comme taillées à l'emporte-pièces. Si ce substratum marneux avait été l'Oxfordien, l'éboulement aurait dû emporter aussi le Néocomien appliqué contre les calcaires. Cette considération me mènerait plutôt à croire que c'était le Néocomien qui formait partout le substratum, et qu'il s'enfonce sous le Jurassique comme le

1. Favre cite aussi (p. 440) des Ammonites et des Aptychus à la base de l'escarpement, disant que les espèces appartiennent au terrain oxfordien ou au terrain jurassique supérieur. Il faut se souvenir, en lisant ce chapitre de Favre, que les travaux d'Oppel venaient à peine de paraître, et que la zone à *Ammonites tenuilobatus* et le Tithonique même, dont on commençait à parler, étaient encore couramment désignés comme oxfordiens.

pensait Favre : d'ailleurs, d'après l'aspect des lieux, personne ne songerait à contester le fait, s'il ne créait pas une difficulté stratigraphique.

La question en tout cas n'est pas de celles qui peuvent se résoudre par une simple affirmation, et avant de pousser plus loin la discussion, il convient d'étudier de près la constitution du petit chaînon de Penouclaire et la manière assez singulière dont il est enclavé entre les chaînons voisins.

D'abord, du côté du col de Reray, le massif est limité par une faille bien nette, dirigée du Nord au Sud, et présentant tout à fait l'allure d'une faille verticale. Les différents termes de la série jurassique viennent s'arrêter à la dépression du col et buter contre le Néocomien. C'est d'abord au Nord l'Oxfordien, qu'on suit sur le chemin des Ruz, et qui s'appuie même sur le Dogger, si l'on en juge par le petit affleurement de calcaires brunâtres que j'ai cité à l'Est des Ruz : puis viennent des calcaires bien lités, inclinés vers le Sud (Astartien). Les marnes oxfordiennes, un peu tourmentées, reparaissent (avec *Ammonites plicatilis*), dans la petite échancrure, avec chemin forestier, qui s'ouvre à l'Ouest du col ; puis on arrive au rocher même qui forme la falaise, constitué à sa base par les calcaires gris lités, et un peu plus loin par les calcaires blancs à *Am. ptychoicus* qui couronnent le sommet. C'est ce que représente la coupe (fig. 16).

Fig.16 Coupe de Penouclaire, auprès du col de Reray

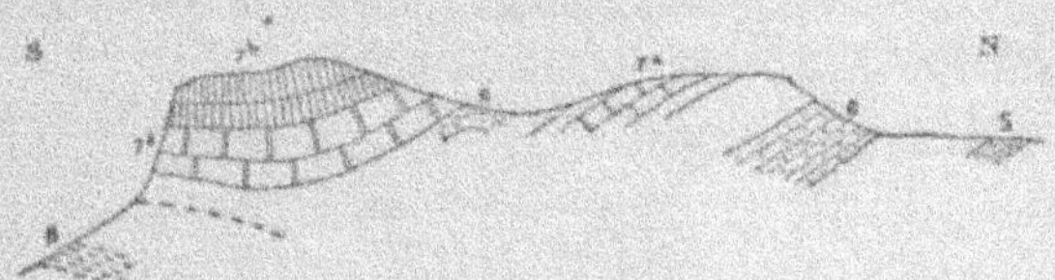

Fig.17 Coupe de Penouclaire, auprès du col St Jean

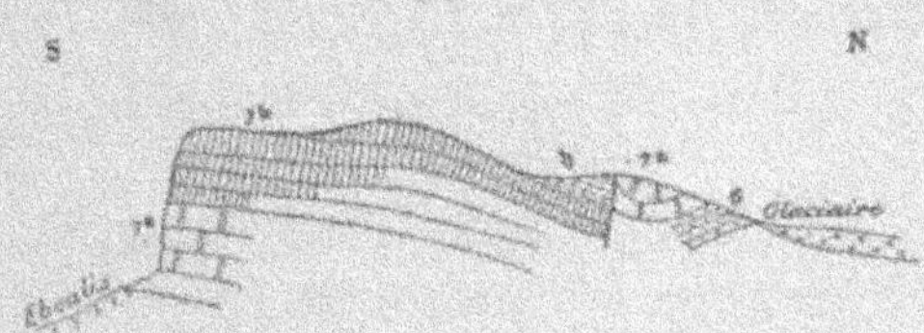

5. Dogger (Calcaires schisteux brunâtres). — 6. Marnes oxfordiennes. — 7a. Calcaires gris bien lités. — 7b. Calcaires blancs compacts. — 8. Néocomien.

Les marnes oxfordiennes intermédiaires se rencontrent en plusieurs points sur le sentier qui va par les bois aboutir au-dessus des Ruz, et en face de ce hameau, leur affleurement plus développé détermine un ressaut bien marqué dans la ligne de hauteurs qui borde le plateau glaciaire de St-Jean. Il y a donc là, avec plus ou moins de complication dans le détail, l'indication d'un anticlinal secondaire, dirigé à peu près de l'Est à l'Ouest.

Plus loin (fig. 17), à l'est du chemin du col de St-Jean, on retrouve l'Oxfordien surmonté par les calcaires lités, qui sont également inclinés vers le Sud, mais se relèvent assez brusquement pour buter contre une petite bande de calcaires marneux néocomiens. Les calcaires blancs du grand escarpement semblent s'enfoncer régulièrement sous le Néocomien. Là, encore, il y a indication d'un pli synclinal Est-Ouest. Or ces deux plis ne se retrouvent ni à l'Est ni à l'Ouest du massif ; de part et d'autre ils vont s'arrêter à des couches différentes, dirigées du Nord au Sud.

La coupure qui isole à l'Ouest le massif de Penouclaire se traduit d'une manière remarquable dans l'escarpement Sud ; la grande falaise de calcaires jurassiques horizontaux est brusquement interrompue et comme prise en écharpe par une masse nouvelle de calcaires verticaux, auxquels leur division en bancs minces donne de loin un aspect feuilleté ; cette nouvelle muraille, qui va en s'abaissant vers l'Arve, a une direction Sud-Ouest et fait ainsi un angle aigu avec celle de Penouclaire. L'intervalle est rempli par les éboulis, et je n'ai pu toucher la faille qui me paraît avec évidence séparer les deux murailles.

Cet accident bien visible de la route et du chemin de fer, a été décrit de la manière suivante par Favre, dont les noms ne figurent pas sur la carte d'Etat-Major : « le mamelon que l'on franchit au-delà du creux de la Rouaz, par le sentier des contrebandiers, pour se rendre à la côte St-Etienne, présente d'une manière frappante la structure en éventail. C'est un singulier accident, produit par le contournement et par la rupture des couches, et qui s'explique aisément par la ligne ponctuée tracée sur la coupe ». Les pointillés de la coupe de Favre,

5, Dogger supérieur. — 6. Oxfordien. — 7^a. Calcaires gris bien lités. — 7_b. Calcaires blancs compacts.

que je reproduis (fig. 19), indiqueraient un anticlinal en forme de genou, reliant les bancs verticaux à ceux de la falaise de Penouclaire. Cette solution, qui a été adoptée par M. Jaccard, ne me paraît pas admissible, d'abord parce que les bancs ainsi raccordés ne sont pas les mêmes, puisque ce sont d'une part les calcaires gris lités et de l'autre les calcaires blancs massifs, mais surtout parce que les couches verticales forment en réalité un pli anticlinal dans le centre duquel j'ai trouvé les calcaires marneux de l'Oxfordien et les calcaires brunâtres du Dogger. Si le raccordement des deux parois se fait par un pli, c'est donc par un pli synclinal et non par un pli anticlinal (fig. 18) ; mais il me semble bien plus probable qu'il y a une faille entre les deux, faille qui se continuerait dans le col de St-Jean en prenant la direction Nord-Sud. Cette faille ne peut il est vrai s'observer directement, parce que les affleurements sont interrompus dans la dépression du col; mais elle se traduit nettement sur la carte par la non correspondance des contours.

Ainsi nous arrivons aux conclusions suivantes : le massif de Penouclaire paraît complètement indépendant de ce qui l'entoure; les plis Est-Ouest qu'on y constate ne se poursuivent pas plus loin, et il est limité à l'Est comme à l'Ouest, par des failles Nord-Sud. La première de ces failles est en continuité avec la ligne de séparation de la falaise jurassique et du Néocomien qui est à ses pieds, c'est-à-dire qu'en arrivant à la falaise, la faille s'infléchit vers l'Ouest. De même la seconde faille, qui a sa direction marquée par la ligne des bancs verticaux, s'infléchit vers le Sud-Est en arrivant à l'autre extrémité de la même falaise. Il devient donc très probable que ces deux failles vont se rejoindre sous les éboulis, qu'elles n'en forment qu'une seule en réalité. Cette faille unique, conformément à la formule déjà employée pour le Môle, *se coucherait vers le Sud dans les parties où elle est déviée parallèlement à l'Arve.*

En d'autres termes, le massif de Penouclaire serait limité par une faille courbe, en forme de demi-ellipse, et, bien que cette apparence soit assez inusitée, je crois que la structure générale du pays permet de l'expliquer d'une manière satisfaisante. Le trait dominant de cette structure est la poussée et le refoulement général qui se sont produits vers la vallée de l'Arve. Si l'on suppose que dans ce mouvement d'ensemble, la tranche située entre le col de Reray et le col de St-Jean se soit avancée plus loin vers le Sud que les parties voisines, le résultat de ce mouvement aura été de tordre les plis voisins, en les déviant vers le Sud, puis de produire deux lignes de fracture, et enfin de faire chevaucher le massif sur les plis situés plus en avant.

L'explication à laquelle j'arrive ainsi diffère seulement au fond de celle de Favre par la remarque que le massif est limité à l'Est par une faille verticale. Il y a bien, pour moi comme pour Favre, des deux côtés du col de Reray, des masses jurassiques poussées sur le Néocomien ; mais les mouvements de ces deux masses résultent d'un même déplacement d'ensemble vers le Sud ; ils se sont faits à peu près dans la même direction, l'un vers le Sud-Ouest, et l'autre vers le Sud-Sud-Est, et non pas en sens inverse, l'un vers l'autre. Ce n'est pas un double pli, au sens employé dans les Alpes de Glaris, mais seulement la juxtaposition de deux plis parallèles (plis ou plis-failles) couchés dans le même sens, dont l'un, par une sorte de renfoncement, a localement débordé la ligne moyenne qui correspondrait à son parcours normal.

On peut encore remarquer que le pli-faille ainsi localement dévié, doit correspondre à un pli situé plus au Nord, sous les terrains glaciaires de St-Jean. L'observation faite précédemment, que le pli couché de l'Est du col s'abaisse et semble se fermer complètement autour du sommet 1130, mènerait alors à chercher la correspondance, du côté de l'Est, avec un pli également situé plus au Nord, et l'on arriverait ainsi à la faille qui sépare du Néocomien les dernières cargneules du Môle. Cette faille serait la même que celle de Penouclaire, et décrirait ainsi autour de la falaise une sorte de sinusoïde (v. le schéma, fig. 35).

Partie comprise entre le massif de Penouclaire et Faucigny. — Cette partie est moins compliquée que les précédentes, mais les plis y dessinent encore des sinuosités assez remarquables, qui sont de nature à appuyer la solution proposée pour le col de Iteray.

Prenons d'abord le pli formé par les calcaires verticaux qui interrompent la falaise de Penouclaire. Il se continue à peu près en ligne droite jusqu'auprès du village d'Orgevaz, et sa retombée Sud, de plus en plus nettement renversée vers le Sud, forme le rocher abrupt (point 929) qui domine le village. Les calcaires astartiens de ce rocher plongent sous les marnes oxfordiennes très réduites et sous un petit pointement de Dogger (fig. 20).

Fig. 20 Coupe par Orgevaz

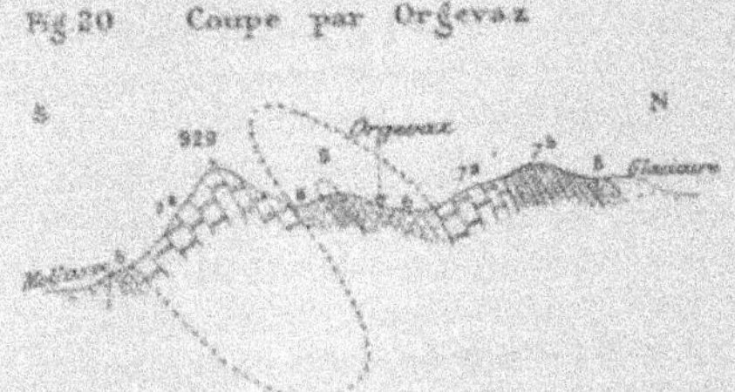

5. Dogger. — 6. Oxfordien. — 7a. Calcaires gris bien lités. — 7b. Calcaires blancs compacts. 8. Néocomien.

A l'Ouest, le rocher s'interrompt sans continuation, comme si la cuvette synclinale était brusquement vidée, et l'Oxfordien descend jusqu'au contact de la mollasse, séparé par une nouvelle bande calcaire du large affleurement de Clermont et de Faucigny. Cette nouvelle bande calcaire dessine une voûte bien accentuée dans un cirque de rochers abrupts au dessus duquel passe le chemin d'Orgevaz à chez Perret; je ne puis décider s'il faut voir dans ce pli la continuation de celui d'Orgevaz, ou, comme il semble plus probable, d'un pli plus septentrional. Au-dessus du chemin, le massif du point 1008 est dans son ensemble formé par une masse de Jurassique supérieur qui s'abaisse vers le plateau glaciaire de Saint-Jean et va passer sous le gisement néocomien que j'ai signalé au-dessus de Syords. Mais, en réalité, la structure est compliquée par des plis et froissements secondaires, dont je n'ai pu suivre le détail; ils se montrent nettement dans la paroi au-dessus de chez Perret, ainsi que le montre le croquis ci-joint

Fig. 21 Vue de l'arête 1008 à l'ouest du col de St Jean

(fig. 21). L'Oxfordien arrive au contact du glaciaire au col de chez Padou, qui correspond très probablement à un léger accident transversal (déviation, sinuosite ou décrochement).

Le massif, moins élevé et boisé, qui s'élève de l'autre côté du col, est peu découvert ; le pendage général est aussi vers le Nord, et là le Jurassique va s'enfoncer sous la mollasse. Cette mollasse forme un affleurement en croissant, de chez Padou aux Moirons, très étroit et presque immédiatement recouvert par le glaciaire. Une petite carrière près de chez Padou montre les bancs presque verticaux ; une autre, près des Moirons, avec empreintes végétales, les montre inclinés vers le Sud, c'est-à-dire vers le massif jurassique. Le contact des deux terrains n'est pas visible ; d'après les renseignements fournis par le propriétaire du châlet, ce contact aurait été mis à jour dans les fondations d'une cave ; la mollasse, très inclinée, plongeait au Sud, et les calcaires jurassiques, qui, d'après les déblais, m'ont semblé oxfordiens, plongeaient au Nord. Il y aurait donc là faille ou discordance. Cet Oxfordien est, d'ailleurs, en continuité avec celui du col de chez Perret. Le glaciaire est ainsi bordé depuis le col Saint-Jean jusque aux Moirons par un même pli, dont l'allure est plus ou moins tourmentée dans les détails.

Au-dessous de ce pli, les pentes depuis le Mont jusqu'au promontoire de Faucigny, sont formées principalement par les marnes de l'Oxfordien, très épaisses et très souvent éboulées, avec descente en masse du terrain. Elles sont surtout bien découvertes dans les ravins qui, à l'Est de chez Perret, descendent vers le château de Boëge. Je dois avouer que je n'y ai pas trouvé de fossiles et que l'aspect de ces marnes m'avait fait songer d'abord à chercher une autre attribution ; mais la continuité avec les gisements certains et fossilifères situés plus à l'Ouest ne peut guère laisser de doute.

Ces marnes sont, dans les ravins cités, inclinées vers la vallée, et paraissent former ainsi un pli assez large, qui continuerait la voûte décrite au-dessous du chemin d'Orgevaz à chez Perret. Le flanc Sud de cette voûte forme une crête calcaire qui s'abaisse et vient disparaître dans les marnes, un peu avant les maisons du Mont. Mais bientôt, au Sud-Ouest, reparaît une seconde crête calcaire, qui s'élève depuis la route (les calcaires sont déjà visibles dans le premier

Fig 22. Coupe de l'arête 768 à l'est de Clermont

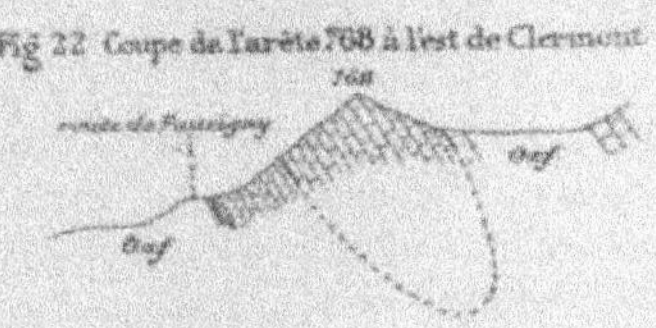

ravin avant Monniant), jusqu'au mamelon coté 768. Les calcaires plongent au Nord, sous l'Oxfordien. Juste au-dessous du mamelon, le long de la route, on trouve le gisement de Posidonies ; il y a donc là un double pli très aigu, couché, comme les autres, vers la vallée de l'Arve (fig. 22).

Il est remarquable que la terminaison de cette crête calcaire, qui est composée et située de la même manière que celle d'Orgevaz, se fasse aussi brusquement du côté de l'Ouest : dans le ravin de Clermont et dans le petit cirque qui lui correspond au-dessus de la route, on ne trouve plus que de l'Oxfordien. Le calcaire reparaît sur le versant Ouest du cirque, et la bande, malheureusement en partie masquée par les alluvions glaciaires, se continue vers Faucigny ; c'est la partie où les calcaires marneux du sommet de l'Oxfordien sont bien exposés, presque horizontalement, dans les tranchées de la route. La continuation du pli synclinal n'est pas moins certaine que celle des calcaires, mais faute d'affleurements on ne peut la constater.

En arrivant au tournant de la route vers le château, on voit l'Oxfordien et les calcaires qu'il supporte, plonger brusquement vers l'Ouest ; la colline du château forme un promontoire rocheux qui s'avance vers l'Arve ; de l'autre côté, sur la route, on retrouve les calcaires à Aptychus, et même des calcaires marneux oxfordiens. La colline du château forme donc un synclinal dirigé vers le Sud-Ouest (fig. 23) ; le retour des bancs plus anciens à l'Ouest n'avait pas été remarqué jusqu'ici.

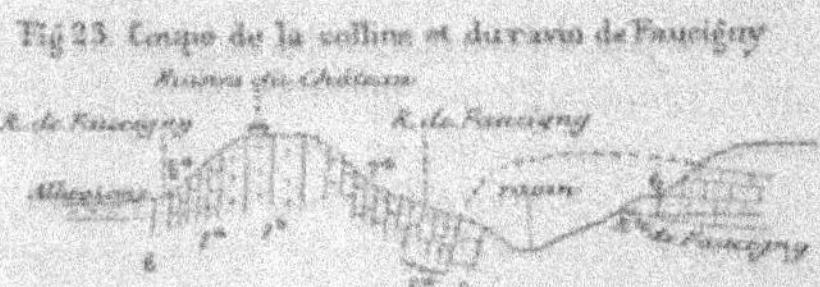

Fig 23. Coupe de la colline et du ravin de Faucigny

6. Oxfordien (calcaires marneux). — 6^a. Calcaires à *Perisphinctes Lucingæ*. — 7^a Calcaires gris bien lités, à *Aptychus*. — 7_b. Calcaires blancs compacts.

Ce synclinal montre dans le détail des froissements de couches et des irrégularités comparables à celles que j'ai signalées au-dessus de chez Perret (la figure 24 est prise sur la route avant d'arriver à Faucigny, c'est-à-dire suivant une

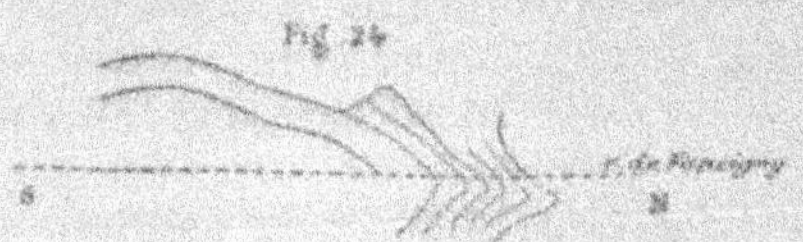

Fig. 24

ligne à peu près parallèle à la direction *moyenne* du pli). Cette direction, qui est celle du Sud-Ouest, est incontestablement une direction aberrante, due à une sinuosité locale : il est difficile, en effet, à cause des marnes oxfordiennes qui affleurent dans le ravin de Faucigny, de supposer que ce pli se continue vers le Nord, et le raccordement avec le pli du mamelon 768 laisse, comme on l'a vu, bien peu de place à l'hypothèse. S'il en était autrement, ce dernier pli ne pourrait se raccorder qu'avec des terrains situés à l'Ouest de Faucigny, c'est-à-dire avec le fond mollassique dont on voit le bord aux Moirons. Dans les deux cas, la déviation serait également brusque, et le pli de Faucigny, qui est normal à la vallée de l'Arve, ne peut guère se continuer que parallèlement à cette vallée.

J'ai essayé de résumer cette description, en donnant à une plus grande échelle (fig. 25) un tracé schématique des plis qu'on peut reconnaître dans ces collines du Sud de l'Arve. La figure 26 montre la manière dont je comprend le raccordement de ces plis avec ceux de la région voisine. Avant de discuter sommaire-

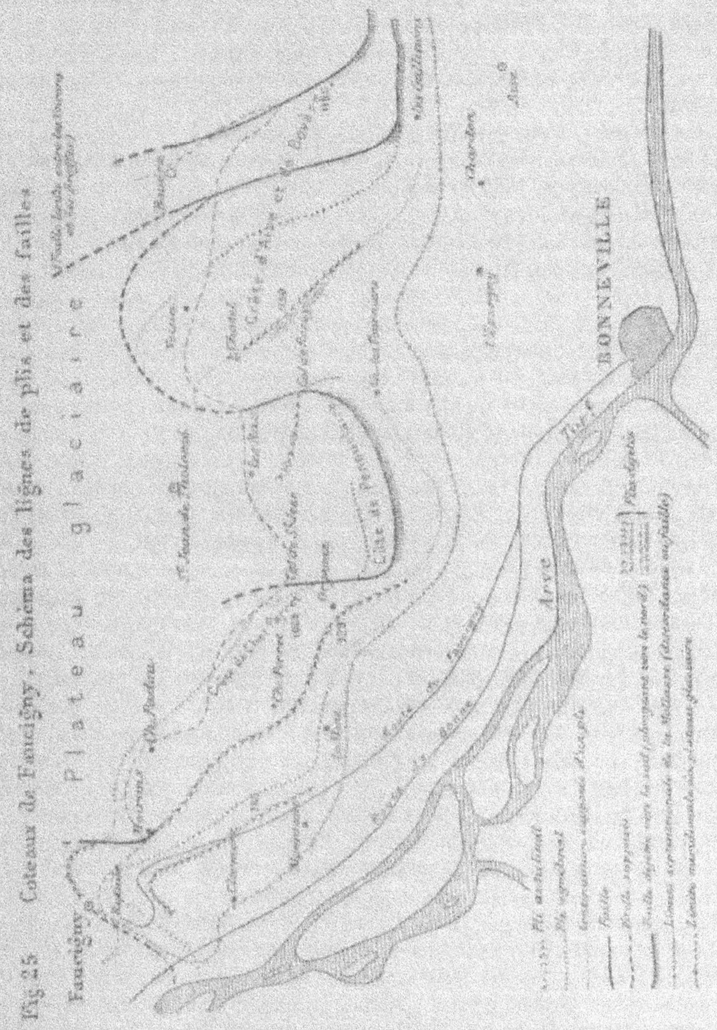

Fig. 25 Coteaux de Faucigny. Schéma des lignes de plis et des failles

ment cette question, il me reste à dire quelques mots de la mollasse qui, presque tout le long de la vallée, jusqu'à l'extrémité du Môle, garnit la base des escarpements.

Mollasse de la vallée de l'Arve. — Je n'ai pas de renseignements nouveaux à apporter sur l'âge de cette mollasse ; je n'y ai recueilli que des débris de végétaux que M. Zeiller a bien voulu examiner et qui sont indéterminables. Comme Favre, je suppose qu'elle est aquitanienne. Les couches rouges signalées depuis longtemps au-dessous d'Eponney ne semblent pas constituer un niveau unique, et ne peuvent en tout cas servir d'horizon pour en étudier la stratigraphie.

Cette mollasse, d'une manière générale, est inclinée vers les rochers jurassiques au pied desquels on l'observe. Il y a quelques exceptions, notamment sous la côte d'Eponney, le long du chemin du village ; là les bancs très inclinés et même verticaux se dévient momentanément vers le Nord ; j'ai représenté sur la carte par des pointillés la direction des bancs dans cette partie. Je n'ai vu nulle part de poudingues ni l'indice de rivage immédiat. La question intéressante serait de savoir si cette mollasse s'enfonce sous le Jurassique, comme elle semble le faire, si elle a participé aux mouvements complexes des terrains plus anciens, ou si elle est discordante et n'a subi que des mouvements plus simples et plus récents. Ma tendance première était favorable à la première opinion ; j'ai été obligé de reconnaître que les faits d'observation lui sont plutôt contraires.

La mollasse se continue au-delà de Faucigny le long de la vallée, où je ne l'ai pas suivie au-delà de Contamine. Favre la signale encore sur le plateau au-dessus de Jollivet, dans un point que je n'ai pas visité ; il rapporte à l'Éocène une partie de ces gisements, ainsi que celui des Moirons. Je ne vois pas de raison pour les séparer de la mollasse qui leur fait suite plus à l'Est.

Le contact de cette première bande de mollasse avec le rocher de Faucigny n'est pas visible, et est masqué par les alluvions ou les poudingues quaternaires. Je n'ai pu observer le pendage de 30° vers l'Est que Favre signale dans les affleurements voisins ; la direction générale est celle de la vallée ; ce pendage serait donc l'indice d'une déviation semblable à celle des plis jurassiques. L'allure des bancs mollassiques me semble pourtant trop calme pour que cette déviation, si elle existe réellement, puisse être considérée comme étant due à un phénomène du même ordre, et d'ailleurs la réapparition de l'Oxfordien à l'Ouest du château montre que, s'il n'y a pas discordance, il y a au moins une faille entre les deux terrains. Il en est de même, comme je l'ai expliqué plus haut, pour la petite bande des Moirons. La mollasse, qui paraît à Chez Padou, avoir la même inclinaison que le Jurassique supérieur, bute au contraire aux Moirons, avec pendage inverse, contre l'Oxfordien.

Au-dessous de Faucigny et de Clermont, la mollasse disparaît sous les alluvions et les éboulis ; si elle existe encore, comme cela est probable, elle monte au moins beaucoup moins haut au-dessus de la vallée. On la retrouve sur la grande route de Bonne, un peu avant le ravin des Baudins. Là, au contraire, elle s'élève très haut, à plus de 700 mètres, dans la Côte d'Hyet ; les affleurements sont bien découverts sur le chemin qui, à l'Ouest du ravin, monte au col Saint-Jean. Les bancs sont toujours peu tourmentés, avec pendage au Nord. C'est là le seul point où, sur le chemin même, j'ai pu voir le contact avec le Jurassique; ce contact a lieu avec l'Oxfordien supérieur, non renversé. Les deux terrains ont à peu près la même inclinaison, mais je n'ai pu constater si la ligne de séparation était également inclinée ou verticale. D'après cette direction commune, il semblerait que la mollasse devrait s'élever encore plus haut au Nord-Ouest, dans les dépressions herbeuses qui montent entre les rochers. Il n'en est rien; c'est, au contraire, le Jurassique supérieur qui s'abaisse vers la vallée; la limite des affleurements de la mollasse est donc oblique à la direction des plis.

Du côté de Bonneville, la mollasse occupe encore le bas des pentes, mais, à cause des éboulements, on ne peut savoir jusqu'à quelle hauteur. Au-delà de Bonneville, elle monte jusqu'au point 629 (Chardon), où elle est exploitée en grandes carrières; sur le chemin de ces carrières, elle se montre souvent verticale, mais la pente générale est toujours vers le Nord. Quoiqu'on soit à Chardon assez près du Jurassique, aucun contact n'est visible.

Enfin, au-delà d'Aïse, après une nouvelle traînée d'éboulis, on retrouve la mollasse jusqu'au haut du plateau d'Eponney, à près de 800 mètres; les bancs visibles sur un plus large espace, sont assez tourmentés et fortement inclinés, mais la pente est variable. Tout le long du plateau, la mollasse est en contact avec les cargneules triasiques, et au-dessus du village, ainsi que je l'ai déjà dit, on voit ces cargneules se replier vers le Sud, c'est-à-dire vers la mollasse. Il faut ajouter que ces cargneules appartiennent à la bande de Bovère, c'est-à-dire à un pli beaucoup plus oriental que ceux de Faucigny. *La mollasse est donc certainement transgressive par rapport aux plis qui viennent s'aligner et se presser dans la falaise de l'Arve.*

C'est assez pour conclure qu'il y a eu des mouvements antérieurs au dépôt de la mollasse; ce n'est pas assez pour en déduire avec certitude l'importance relative de ces mouvements. Il est possible que la poussée vers le Sud se soit continuée avec assez d'énergie pour amener les terrains jurassiques à surplomber par place la mollasse, mais cela n'est pas prouvé. Je considère, au contraire, comme bien prouvé que la mollasse s'est déposée en discordance sur des couches déjà plissées.

Quant au point de savoir si la mer mollassique a passé par dessus l'emplacement actuel des collines de Faucigny et de Saint-Jean, comme le fait croire l'absence de phénomènes de rivage, ou si elle s'est avancée en golfe dans la vallée de l'Arve, on reste à ce sujet sans renseignement précis.

Il ne me semble pas que ces conclusions, sous la forme encore un peu vague qu'on peut leur donner, autorisent une séparation profonde entre l'histoire des chaînons étudiés et ceux de l'autre rive de l'Arve. La formule d'une discordance masquée en partie par des mouvements postérieurs, agissant dans le même sens que les mouvements précédents, me semble celle qui peut caractériser la position de la mollasse sur tout le pourtour de la chaîne alpine[1]. Ce serait seulement

[1] Maillard, dans son mémoire déjà cité sur l'autre rive de l'Arve (*Bull. Carte géol.*, t. I), dit en effet (p. 4) : « Du côté des Alpes, la mollasse a été soumise *en partie* aux dislocations qui ont éprouvé ces dernières chaînes et surtout à celles qui ont affecté la première chaîne

dans les chaînons *plus extérieurs*, comme ceux du Jura ou de la Grande-Chartreuse, que la discordance serait moins accusée. Si donc l'on voulait expliquer par une différence d'âge la différence de direction des chaînons des deux côtés de l'Arve, si du moins on voulait dire ainsi que les massifs du Nord de l'Arve ont été plissés avant le dépôt de la mollasse et ceux du Sud après ce dépôt, je crois que cette opinion serait en désaccord avec les faits ; la mollasse s'est déposée de part et d'autre contre des chaînons déjà ébauchés et dans l'intervalle de plis déjà très accentués.

Cette conclusion n'est aucunement en contradiction avec celle de M. Diener, qui, dans son livre sur la structure des Alpes-Occidentales[1], dit que la zone du Chablais forme une « unité tectonique » à part, distincte aussi bien par sa structure que par l'histoire de son développement géologique. Les chaînons montagneux ne se sont pas formés d'un seul coup ; et par conséquent les deux régions voisines, bien qu'arrivées toutes deux vers la fin des temps oligocènes à une même période de leur évolution orogénique, n'en ont pas moins pu, dans les temps qui ont précédé, avoir une histoire distincte et passer par des phases dissemblables. C'est bien là aussi ma manière de voir. Je crois même qu'on peut préciser : l'histoire de la formation des plis du Nord et du Sud de l'Arve n'a pas été la même *pendant la période crétacée*, et c'est pour cela qu'il existe maintenant entre les deux régions une coupure aussi brusque et aussi marquée. Cette opinion sera développée dans le chapitre suivant.

RÉSUMÉ ET CONCLUSIONS

Résumé. — Le résultat principal de ce travail est de préciser les détails d'une structure qui, on peut le dire, apparaît au seul examen d'une carte topographique. Les chaînons alpins du Sud du lac de Genève décrivent entre la vallée du Rhône et celle de l'Arve un demi-cercle presque complet ; la déviation des plis s'accentue surtout près de la vallée de l'Arve et est particulièrement brusque dans le Môle, qui doit sans doute à cette circonstance son élévation plus grande ; les différents plis se rapprochent et se renversent l'un sur l'autre, en même temps qu'ils se tournent vers l'Est, et l'on arrive ainsi à en trouver jusqu'à quatre échelonnés dans un même escarpement. Les plis des collines de Faucigny, qui font suite au massif isolé des Voirons, obéissent à une loi semblable, mais ne se montrent pas aussi fortement comprimés les uns contre les

(le Semnoz) ». Plus loin (p. 35), en parlant des allures de la mollasse au pied du Parmelan, il dit encore : « Y a-t-il là une forte discordance ou bien le pan nord-ouest de la voûte du Parmelan se renverse-t-il sous lui-même dans la profondeur ? Je ne puis le dire, et *il me semble difficile d'admettre sans conteste cette dernière hypothèse.* »

[1] Diener, *Gebirgsbau der West Alpen*, p. 64.

autres, que ceux du Môle; de plus leurs lignes directrices, tout en prenant également la direction générale de l'Ouest à l'Est, sont très sinueuses, comme si la résistance à la poussée vers le Sud avait été inégale aux divers points : la tendance au chevauchement va d'ailleurs en s'accentuant à mesure qu'on s'avance vers l'Ouest, et c'est cette tendance, jointe à la sinuosité des plis, qui produit probablement l'apparence de « double pli », signalée par Favre au col de Reray.

Ces plis en demi-cercle entourent un massif de tout autre structure et de tout autre composition, où l'on signale même des pointements de roches éruptives[1]. Ce massif, que M. Jaccard désigne sous le nom de polygone du Chablais, est décrit par Favre comme formant un vaste fond de bateau, et est constitué presque uniquement par les masses puissantes de la brèche du Chablais et du Flysch. Il faut attendre le résultat des études entreprises par M. Renevier, pour savoir si la composition spéciale de ce massif a pu jouer un rôle, direct ou indirect, dans la forme des plis qui l'enveloppent. Mais je puis dire, dès maintenant, que les plis les plus orientaux, ceux qui bordent immédiatement le massif, vont se terminer en face du Môle, dans la pointe d'Orchez, qu'a étudiée M. Lugeon, et que leur extrémité est également déviée vers l'Est et renversée vers le Sud.

Les chaînons de la rive gauche de l'Arve, constitués surtout par le Crétacé, avec Éocène dans les synclinaux, sont bien connus par les travaux de Maillard. Ils se dévient aussi vers l'Est, en arrivant vers l'Arve, mais avec une convergence et un renversement moins prononcé.

Entre les deux, la mollasse aquitanienne remplit la vallée. Elle a subi des actions énergiques, mais est pourtant moins fortement plissée que le Jurassique sur lequel elle s'est certainement déposée en discordance. Cette discordance, dont on ne peut juger l'importance exacte, à cause de l'absence ou de la grande rareté des contacts découverts, semble pourtant du même ordre que celle qu'on observe tout le long de la chaîne.

Rebroussement probable des plis dans la vallée de l'Arve. Discussion des autres hypothèses. — Ceci étant posé, quelle signification et quelle cause peut-on attribuer à cette singulière convergence des plis venus du Nord ou du Sud, et également déviés vers l'Est ?

Avec les idées qu'on peut se faire maintenant, d'après les travaux de M. Suess, sur la continuité de la structure des plis, la signification ne me paraît pas douteuse : *ce sont les mêmes plis qui se continuent de part et d'autre de l'Arve* ; ces plis, contrairement à la règle la plus ordinaire des pays de montagnes, se trouvent sur les deux rives affecter des terrains différents, à la fois comme âge et comme faciès ; mais ils ne doivent pas pour cela être considérés comme distincts ; les deux moitiés d'un même pli se rejoignent dans la vallée de l'Arve, après s'être déviés le long d'une véritable arête de rebroussement. De tels rebroussements ne sont pas sans doute fréquents, ils ne sont pourtant pas sans

[1] Voir l'étude de M. Michel Lévy, *Bull. des services de la carte géol.*, t. 3, n° 27, p. 39.

exemples, et M. Suess a appelé l'attention sur le phénomène, en le désignant sous le nom de *Schaarung*. L'exemple le plus grandiose est celui des bords du Jhelam dans le bassin de l'Indus, au pied de l'Himalaya[1].

Cette interprétation est d'ailleurs la seule possible, à moins qu'on ne suppose que les deux systèmes de plis s'arrêtent l'un et l'autre brusquement en se rencontrant. En effet il est facile de voir que ni l'un ni l'autre ne se prolonge du côté de l'Est.

Fig. 26

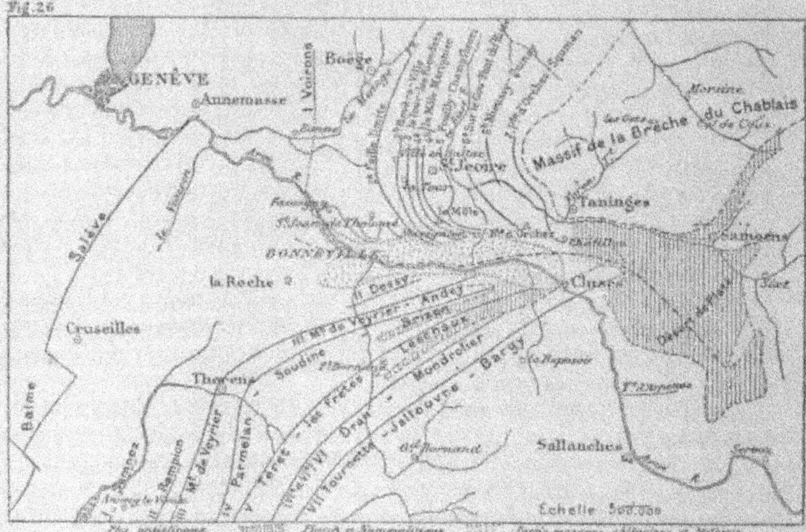

Prenons d'abord, sur la rive gauche, le pli anticlinal du Bargy (pli n° VII de Maillard, v. la fig. 26). Comme l'a montré Maillard, il traverse l'Arve, se continue dans le rocher de Cluses, où il s'abaisse et vient se noyer sous l'Eocène. Cet Eocène forme une bande qui, dans la même direction, s'étend de Chatillon, par Samoens et le col de Couz, jusqu'au pied de la Dent du Midi; de plus au Sud de cette ligne, il pénètre, par une sorte de golfe profond, jusque dans le voisinage de la chaîne cristalline, en recouvrant l'énorme massif du désert de Platée. Il est bon de remarquer que la bande éocène du col de Couz borde directement le polygone, ou massif, chablaisien.

Le synclinal qui fait suite à l'ouest à l'anticlinal VII (Tournette-Bargy), comprend du flysch, qu'on peut, si l'on veut, faire correspondre à celui de Chatillon; mais les anticlinaux qui viennent ensuite (de VI à II), n'ont encore pas d'autre place pour se continuer. Il en est de même des plis de la rive droite, au nombre de plus de huit plis anticlinaux distincts. Toute cette série viendrait converger dans la bande étroite des terrains éocènes; si elle s'y continue, elle

[1] Suess, *Das Antlitz der Erde*, t. I, p. 554.

devrait au moins la hacher de plis serrés, ce qui ne semble en aucune manière confirmé par les observations faites jusqu'ici. Il y a bien, le long de la vallée du Giffre, une série d'affleurements de gypses et de cargneules, que je considère comme triasiques malgré leur isolement au milieu du flysch, et dont la présence devient alors assez difficile à expliquer. En tout cas, sauf peut-être le pointement de Chatillon, aucun d'eux ne se présente comme une tête d'anticlinal surgissant du flysch. J'ai bien plutôt eu l'impression de restes épars et enfouis d'une nappe primitivement superposée, qui serait la continuation de la base des montagnes de l'autre rive, c'est-à-dire de la base du massif du Chablais[1].

[1] Cette explication, que je propose ici incidemment et sous toutes réserves, est celle qu m'avait été suggérée il y a trois ans, pour un exemple à peu près analogue, par la lecture du beau livre de M. Renevier sur les Alpes vaudoises. J'ai dit en débutant que M. Renevier s'était toujours prononcé énergiquement pour l'âge triasique des gypses et des cargneules des Alpes suisses; il n'a émis un doute dans la région décrite par lui que pour le petit lambeau de Bovonnaz, qui apparaît sur les flancs de la chaîne de l'Argentière, au milieu du Néocomien, peut-être même avec un peu de flysch au contact. Or ce lambeau se trouve à l'Est d'une traînée importante de gypses, que M. Renevier représente comme limitée à l'Est par une faille inclinée, qui les superpose aux terrains plus récents. Il suffit de supposer que cette faille se prolonge à peu près parallèlement au-dessus des croupes de la chaîne voisine, pour que le démantèlement des terrains situés au dessus de la faille ait pu laisser des lambeaux de gypse et de cargneules isolés au milieu des terrains plus récents (fig. 27). Ces lambeaux, qui peuvent par suite d'un affaissement sur place sembler plus ou moins profondément enfouis, seraient alors non pas des *Klippen*, mais des *ilots de recouvrement*. Ce serait le cas pour celui de Bovonnaz. Il resterait, il est vrai, à expliquer comment les déplacements auraient eu lieu là dans un sens opposé à celui des grands mouvements alpins, c'est-à-dire vers la chaîne centrale et non vers la plaine. Mais c'est là justement une analogie de plus entre le cas de Bovonnaz et celui des gypses de la vallée du Giffre. M. Lugeon a montré, dans une communication récente à la Société géologique de France, qu'au col de Couz, le flysch, avec lam-

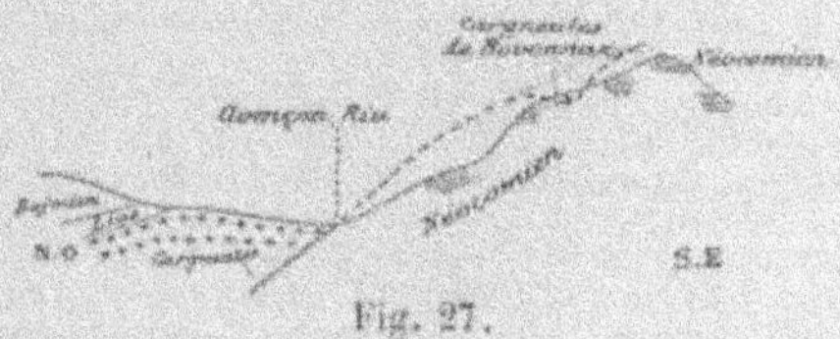

Fig. 27.

beau de Crétacé rouge intercalé, s'enfonçait vers l'Ouest sous le Trias et sous le massif du Chablais; par continuité il est légitime de supposer que dans toute cette partie, le massif du Chablais chevauche sur les terrains plus récents du côté de l'Est, c'est-à-dire du côté de la chaîne centrale. Le chevauchement aurait été autrefois plus étendu qu'il ne l'est actuellement, et, progressivement réduit par les érosions, il n'aurait laissé d'autres traces sur la rive gauche du Giffre que ces lambeaux épars de gypse et de cargneules. Le rapprochement avec le cas de Bovonnaz serait d'autant plus légitime et plus significatif, que les deux exemples appartiennent à la même bande de flysch.

Quant à la question des chevauchements en sens inverse, dont on aurait ici un double exemple, elle se rattache à celle du double pli de Glaris et à toute la géologie de la Suisse. Elle est bien trop vaste pour que je puisse l'aborder ici incidemment. Je me contente de rappeler qu'il y a dix ans j'avais indiqué la possibilité que les apparences de plis couchés en sens inverses (*Rückfaltung* de M. Suess), fussent dues à d'énormes chevauchements venus de la chaîne centrale, qui auraient superposé sur le sol helvétique deux séries indépendantes et auraient dépassé de beaucoup en ampleur tout ce que l'observation directe nous permet de

Mais quand même on voudrait voir dans ces cargneules des indices de plis répétés, quand même on admettrait que ces plis continuent ceux de la rive gauche de l'Arve, on ne peut raisonnablement faire la même hypothèse pour ceux de la rive droite, pour ceux que nous avons étudiés dans le Môle. Ces plis en effet, viennent en faisceau serré de l'extrémité orientale du lac de Genève, et même en réalité du lac de Thun ; après les avoir suivis, ainsi orientés du N.-E. au S.-O. sur une longueur de plus de 100 kilomètres, on les verrait, une fois arrivés à l'Arve, non seulement se dévier vers l'Est, mais se replier complètement sur eux-mêmes, revenir vers le Nord-Est, jusqu'à la vallée du Rhône et au lac de Thun, toujours accolés, dans ce nouveau parcours en sens inverse, contre la première partie du tracé. Il suffit d'énoncer l'hypothèse et ses conséquences pour en montrer l'impossibilité[1].

Si l'on convient qu'on ne doit pas chercher vers le Nord-Est la continuation, même virtuelle, des plis du Môle, il ne reste plus qu'à les raccorder avec ceux de la rive gauche, ou à admettre qu'ils cessent brusquement. L'idée qu'un pli ou qu'un système de plis doit s'arrêter quelque part, qu'il doit arriver à s'effacer et à disparaître, est une idée en elle-même toute simple et toute naturelle ; mais cette disparition des plis ne doit certainement pas se faire au point où ils ont produit leur maximum d'effet mécanique. C'est pourtant ce qu'il faudrait supposer pour la vallée de l'Arve, et il y aurait là, au point de vue mécanique comme au point de vue des analogies, une bien plus grande anomalie que celle d'un rebroussement.

constater. M. Schardt a été amené depuis par ses études personnelles à une théorie qui aboutit, au fond, à une conception analogue. En attendant les preuves que nous fournira M. Schardt, cette coïncidence ne peut que me confirmer, jusqu'à nouvel ordre, dans mon idée primitive. Si le pli *couché vers le Sud*, qui semble traverser la Suisse depuis Glaris jusqu'au Chablais, était un pli *continu*, il y aurait certainement une moindre difficulté mécanique à admettre ce déversement local en sens opposé, ou ce qui revient au même, l'existence d'un chaînon montrant la structure en éventail, qu'à supposer des déplacements horizontaux atteignant et dépassant quarante kilomètres. Mais l'objection capitale, c'est que ce pli ne serait pas continu ; il s'interrompt, précisément au droit des grandes vallées transversales, pour ne plus laisser voir que le substratum éocène sur lequel ses deux flancs seraient déversés de part et d'autre. C'est ce qui arrive pour la vallée de la Reuss, pour les abords du lac de Thun et peut-être même aussi pour la vallée du Rhône. Tant que cette difficulté n'aura pas été éclaircie, et sans nier les objections qu'on peut faire à l'autre hypothèse, je pense que pour chaque cas particulier il y a lieu de l'examiner et de la discuter.

[1] Ces lignes étaient déjà écrites depuis longtemps et envoyées à l'impression, quand M. Haug a fait à la Société Géologique (18 déc. 1892), une communication sur les hautes chaînes de la frontière suisse, dans laquelle, à la suite de plusieurs autres conclusions intéressantes, il adoptait précisément cette hypothèse, et en acceptait toutes les conséquences. J'ai donc eu tort de dire qu'il suffit d'énoncer ces conséquences pour en montrer l'impossibilité. Je maintiens pourtant entièrement le fond, sinon la forme, de mes conclusions. On peut bien admettre des plis sinueux, mais non pas des plis *repliés sur eux-mêmes* tout le long de la chaîne. Cette conception n'aboutirait à rien moins qu'à modifier toutes nos idées sur la propagation des plis et sur l'allure des lignes directrices. Ces idées sans doute ne doivent pas être érigées à l'état de dogme inattaquable ; mais elles sont le résultat d'une série d'observations concordantes, et ne pourraient être ébranlées que par des observations contraires, également précises et certaines. Or ici, il ne s'agit que d'*interprétations*, en tout cas très contestables, car elles mènent à raccorder à distance des plis jurassiques et crétacés, à travers une bande de flysch, dans laquelle on n'a ni constaté ni suivi leur prolongation, même affaiblie. (*Note ajoutée pendant l'impression*).

Différence des terrains des deux rives. Rapports de cette composition différente avec la déviation des plis. — Ce qui, au premier abord, contribue à écarter cette idée d'un rebroussement et d'une correspondance des plis sur les deux rives de l'Arve, c'est, comme je l'ai dit, la composition *absolument différente* des chaînons des deux rives. La composition est différente, non seulement parce que les terrains ne sont pas les mêmes, ce qui pourrait être attribué à une dénudation inégale ; mais les étages qui sont représentés des deux côtés, le sont par des couches très dissemblables. Ainsi le Crétacé inférieur, qui forme presque toutes les montagnes de la rive gauche, fait absolument défaut dans le Môle, où les couches rouges du Crétacé supérieur reposent directement sur le Jurassique. Ces couches rouges à Foraminifères ne ressemblent pas au Sénonien à silex décrit par Maillard, et quand le Néocomien apparaît dans les collines de Faucigny il ne correspond pas davantage, même sans parler de l'absence de l'Urgonien, aux alternances schisteuses et calcaires de l'autre rive.

Il est certain *qu'en général* les mêmes faciès se poursuivent dans les mêmes chaînons ; le fait est en rapport direct avec l'idée de mouvements plus ou moins continus, se répétant aux mêmes places. Mais cette explication même montre que la règle n'a rien de nécessaire et qu'elle peut subir des exceptions. En essayant d'analyser les conditions qui ont pu amener ces exceptions, on trouve qu'elles ont dû tout naturellement produire une déviation locale des plis, et que, par exemple, pour le cas de l'Arve et du rebroussement qu'on peut y supposer, la modification des faciès se relierait à la cause même du phénomène et en fournirait la meilleure explication.

Je dois dire avant tout que l'idée *d'une faille* dans la vallée de l'Arve, par laquelle on se serait contenté autrefois de traduire le phénomène, ne résoud rien, n'explique rien et ne correspondrait même pas à une opinion déterminée sur la nature des mouvements subis. Qu'on veuille la continuer parallèlement à l'Arve au-dessus de Cluses, ou le long du massif du Chablais par la vallée du Giffre et le col de Couz, cette faille n'est pas une faille d'affaissement, comme il est facile de le montrer d'après le sens inverse des rejets dans la première hypothèse, d'après sa faible inclinaison au col de Couz dans la seconde hypothèse ; d'ailleurs une faille d'affaissement n'explique ni la déviation des plis ni le changement des faciès. Cette faille ne serait pas non plus une faille de décrochement, puisqu'on ne retrouve ni à l'Est ni à l'Ouest la continuation rejetée des massifs interrompus. Elle serait encore moins une faille de plissement, puisqu'elle coupe obliquement la série des plis qu'elle rencontre. Elle ne rentrerait dans aucune des catégories qu'on peut rattacher aux mouvements orogéniques ; elle ne se relierait à aucune des phases du phénomène que nous voulons analyser. Je ne dis pas qu'il n'y ait pas de faille dans la vallée de l'Arve, et je n'en sais absolument rien. Je dis seulement que, si cette faille existe, elle n'est qu'un accident secondaire et sans importance, qu'on peut à volonté ajouter ou supprimer sans modifier l'explication, sans la rendre ni plus facile ni plus claire.

Laissant donc de côté la question et le mot de faille, cherchons à nous représenter les conditions de sédimentation qui ont amené les différences de faciès sur les deux rives de l'Arve ; les différences sont surtout marquées, ou au moins surtout connues, pour le Crétacé. Plus de mille mètres de couches s'accumulaient au Sud, pendant que rien ne se déposait sur l'emplacement du Môle, et le même fait se produisait sur tout le bord de la vallée du Giffre. L'explication naturelle est que le Nord restait un haut fond, peut-être partiellement émergé, où plutôt les courants empêchaient les dépôts de se produire (comme c'est le cas actuellement dans une partie de la Manche), tandis que le Sud s'affaissait progressivement. Le résultat (ou la cause) de ce mouvement est la formation d'un pli (monoclinal ou anticlinal) sur le bord du bassin d'affaissement. On peut même remarquer, dans le cas actuel, que la direction de ce pli est sensiblement perpendiculaire à la *direction moyenne* des plis alpins dans les massifs voisins, abstraction faite bien entendu de la déviation locale dans la vallée de l'Arve.

Au même moment, à côté de ce pli, se formait un pli perpendiculaire dans la direction Nord-Sud ; c'est ce que montre l'absence du Néocomien à l'Ouest des Braffes et du Môle, tandis que cet étage est représenté, à l'Est et à l'Ouest, dans les chaînons voisins. On conçoit que la propagation de ce pli vers le Sud ait pu être entravée par l'affaissement et par les conditions spéciales de résistance qui en résultaient. Dès lors les deux plis voisins, qui venaient aboutir et s'arrêter au même point, ont dû se raccorder en formant un pli courbe unique. C'est là à mes yeux un exemple très rationnel des cas où peut se trouver vérifiée la formule générale que j'ai proposée autre part [1] : quand des chaînons montagneux se forment en suivant un système de plis déjà ébauché et composé d'un double réseau orthogonal, il peut se faire que les mêmes chaînons suivent alternativement la direction de l'un et de l'autre réseau.

Quoi que d'ailleurs on veuille penser de cette généralisation, il n'en est pas moins vrai que la formation à l'époque crétacée d'un pli courbe sur l'emplacement du Môle, est une conséquence naturelle des conditions anciennes que nous révèle l'étude de la géologie actuelle. Or par suite de la tendance des plis de l'écorce à se produire aux mêmes places (2), ce pli une fois formé a dû s'accentuer, et les plis voisins se former, comme toujours, à peu près parallèlement. Une fois le phénomène en quelque sorte amorcé, la continuation des mêmes efforts et l'avancement progressif des masses vers l'Ouest ne pouvaient que développer la composante Nord-Sud, qui a rejeté et serré l'un contre l'autre les deux massifs momentanément rendus indépendants. La déviation d'ailleurs n'a été que locale, parce qu'une fois l'affaissement, auquel elle serait due, comblé par les dépôts crétacés, les conditions de résistance se sont trouvées égalisées de part et d'autre, et les plissements ont repris leur tendance générale à se conformer au dessin primitif.

[1] C. R. Ac. Sc., 22 fév. 1892.

[2] Je considère qu'il n'y a pas seulement une *tendance*, mais bien une véritable loi ; je cherche seulement dans cet exposé à diminuer le plus possible la part théorique d'idées personnelles, qu'il n'est pas nécessaire de partager pour admettre l'explication proposée dans le cas actuel.

J'ajouterai que les deux autres exemples bien connus en Suisse d'interruption apparente ou déviation brusque d'un système de plis, celui de la vallée du Rhin entre Coire et le lac de Constance, comme, sur une moindre échelle, celui du lac de Thun, sont liés également à une brusque modification dans la composition de certains étages : le Trias alpin, si développé à l'Est du Rhin, fait défaut à l'Ouest, où les dépôts du même âge, avec une tout autre composition, n'ont plus qu'une épaisseur insignifiante. De même le Crétacé des chaînons subalpins de la Schrattenfluh, au Nord du lac de Thun, fait complètement défaut dans les chaînons des Gastlosen qui leur font face au Sud.

Schéma des plis. Conclusion. — Si le phénomène qui donne une physionomie si particulière à la vallée de l'Arve auprès de Bonneville, peut en réalité se résumer dans un *renfoncement* local des plis vers le massif central, on voit par un coup d'œil jeté, même sur l'ancienne carte de Studer, que ce *renfoncement* semblerait s'être propagé très loin vers la chaîne cristalline, et que le golfe profond décrit par les contours de l'Eocène dans le massif de Platée, pourrait avec vraisemblance en être considéré comme la continuation. La direction générale ainsi déterminée (fig. 26) resterait *à peu près perpendiculaire* au système des plis principaux.

Il est presque inutile d'ajouter qu'il serait illusoire de chercher une correspondance pli par pli entre les deux rives. Pour les plis du Sud, dans le schéma, fig. 26, j'ai conservé les notations de Maillard (fig. 1, pl. VI du mémoire cité). Pour les plis du Nord, j'ai indiqué par un même numéro (I) la correspondance probable des Voirons avec le Semnoz, qui surgit de la même manière de la plaine mollassique, en avant du massif principal. J'ai numéroté les autres plis de la rive droite en chiffres arabes pour bien montrer qu'il ne s'agit pas à mes yeux de parallélisme précis dans le détail. J'ai raccordé par un pointillé le pli (n° 7) de la pointe d'Orchez avec le pli (n° VII) des chaînons Tournette-Bargy ; c'est le raccordement qui m'a semblé le plus naturel ; mais je ne ferais aucune difficulté d'admettre qu'il doive plutôt se faire avec un pli situé plus à l'Ouest, le pli VI ou V par exemple. Malgré ces réserves, on peut remarquer qu'en tenant compte du fait que le pli VI de Maillard est en réalité un pli double (pl. VII, coupes 6, 5 3 et 2) et que le pli II est également dédoublé (coupe 3 de la même planche), le nombre des plis, à un près, est le même de part et d'autre. L'anticlinal de la mollasse (fig. 1, pl. IX de Maillard) correspondrait à la continuation souterraine du Semnoz et des Voirons.

Ces considérations, que j'ai cru intéressant d'indiquer, m'ont entraîné un peu loin du massif du Môle. J'y reviens pour rappeler en terminant que, même si l'on veut rejeter l'explication proposée, les résultats des observations en restent indépendants : *les plis Nord-Sud qui viennent des bords du lac de Genève, au moment où ils arrivent près de la vallée de l'Arve, se dévient vers l'Est en se renversant vers le Sud, et ils ne se continuent pas dans cette direction au delà de Chatillon.*

CARTE GÉOLOGIQUE DU MÔLE ET DES COLLINES DE FAUCIGNY

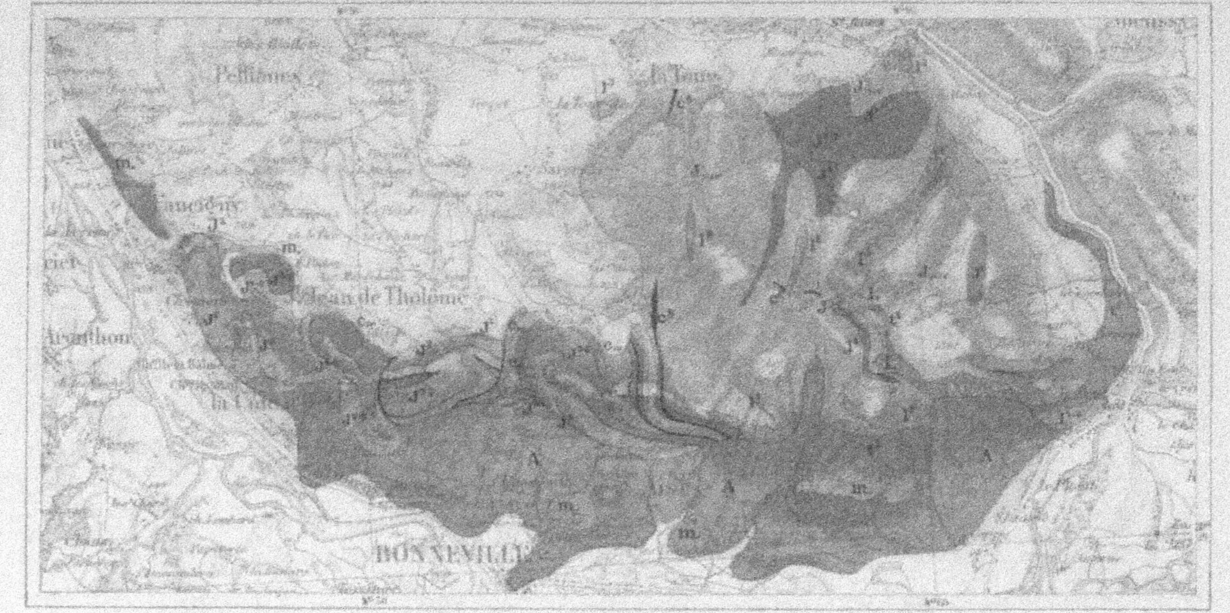

www.ingramcontent.com/pod-product-compliance
Ingram Content Group UK Ltd.
Pitfield, Milton Keynes, MK11 3LW, UK
UKHW022139170726
13837UKWH00004B/1664

9 782329 242064